Jetzt helfe ich mir selbst

pietsch

Einbandgestaltung: Johann Walentek, unter Verwendung von Dias der Autoren.

ISBN 3-613-50126-0

1. Auflage 1993.

Illustrationen: Bosch (3), Budweiser (1), Chloride (1), Honda (7), Isenberg (95), Korp (12), Mariner (21), Metzeler (2), Mercury (7), NSU (1), Tohatsu (1), Yamaha (1), Yanmar (2).
Satz: Vaihinger Satz+Druck, 71665 Vaihingen an der Enz.
Druck: Rung-Druck, 73033 Göppingen.
Bindung: H. Koch, 72072 Tübingen.
Printed in Germany.

Hans G. Isenberg
Dieter Korp

AUSSENBORD MOTOREN

Pietsch Verlag Stuttgart

Fundsachen

Seite

Seite

Start-Vorbereitung

Im Kaufpreis eines Außenbordmotors ist eine vom Herstellerwerk herausgegebene Betriebsanleitung eingeschlossen. Wie man sie aber durchliest und ob es überhaupt geschieht, ist eine andere Sache.
Wird die Anleitung gebraucht – ob an Land oder auf dem Wasser –, stellt man freilich oft fest, daß sie sich gerade dort befindet, wo man selber gerade nicht ist. Oder sie ist ganz einfach verschwunden. Mit diesbezüglich leeren Händen stehen manchmal auch die Käufer von gebrauchten Außenbordmotoren da.
Selbst wenn eine solche Werksbroschüre noch vorhanden oder noch in lesbarem Zustand ist, wird man unschwer ihre Grenzen erkennen. Schon aus Kostengründen wird der Umfang meistens klein gehalten. Auch werden die auf solche Motoren angewiesenen technisch weniger Bewanderten von Firmen-Literatur selten richtig angesprochen.
Wie umfangreich eine solche ja auch nötige Anweisung eigentlich sein müsste, um die vielfältigen Praxisfälle abzudecken, beweist schon das vorliegende Buch.
Ohne den Herstellern und dem Handel nahetreten zu wollen: Die Frage ist doch allgemein auch, inwieweit sie an einem geringstmöglichen Verschleiß ihrer Produkte interessiert sind. Nehmen wir bei Außenbordmotoren nur den Fall der materialfressenden Elektrolyse, wenn die viel verwendete Leichtmetall-Legierungen mit anderen Werkstoffen in Kontakt kommen.
In einem dürfen sich wohl alle Beteiligten einig sein: Ob der Außenbordmotor nun für Beruf, Freizeit oder Sport verwendet wird – von ihm hängt nicht nur das momentane Wohlergehen der Bootsinsassen, sondern auch die Bewältigung kritischer Situationen ab. Da lohnt es sich schon, ihn etwas näher kennenzulernen und ihm die nötige Pflege und Wartung zu widmen.
Seine vielseitige und praktische Verwendbarkeit muss der Außenborder im Gegensatz zum Innenborder damit bezahlen, daß er dem Wasser ausgesetzt ist, ob man nun in Süß- oder aggressivem Salzwasser fährt oder ob das Wasser von oben kommt und auch nicht sehr neutral ist. Robuste Behandlung ist ebenso wenig vermeidbar wie verschleißfördernde lange Standzeiten. Mit diesem Buch als stillem Helfer lassen sich Außenborder verstehen und betreuen.
Wie schon beim Vorläufer dieses Buches »Bootsmotoren – Innenbord-Diesel« gesagt: Auf dem Wasser gibt es keine Pannendienste. Eine dem Straßenverkehr vergleichbares Kundendienst-Netz ist ebenfalls nicht vorhanden. Da wird Vorbeugung groß geschrieben und man wird oft »Jetzt helfe ich mir selbst« sagen müssen.
Für die Neueinsteiger im Umgang mit Außenbordmotoren ist ein kleiner Streifzug durch diese Materie gedacht, ergänzt durch eine umfangreiche Kaufberatung.

Die Verfasser

Vielversprechender Antrieb. Der Außenbordmotor macht die verschiedensten Wasserfahrzeuge mobil. Er läßt sich einfach installieren, auswechseln oder zu Wartung und Reparatur mitnehmen. Das machen ihm keine andere Motoren nach – willige Helfer für Vergnügen und Gewerbe.

Außenstürmer

Normalerweise werden Fahrzeug und Motor als untrennbare Einheit betrachtet. Oder sah man je ein Straßen- oder Luftfahrzeug, dem beliebig und ohne großen Aufwand der Antrieb abgenommen, zur Wartung, Reparatur oder Lagerung mitgenommen oder einfach gegen einen anderen ausgetauscht wurde?

Gute Idee

Für Wasserfahrzeuge bis zu einer bestimmten Größe Motoren zu entwickeln, die sich außenbords und nachträglich installieren lassen, war ein großartiger technischer Einfall. Man nimmt es heute für selbstverständlich. Aber bis diese Idee praktikabel wurde und der Außenbordmotor zum heutigen Standard hinsichtlich Funktion, Verbrauch und Umweltschonung heranreifte. war ein langer Weg zurückzulegen. Und dieser besondere Motor hat sich seine Exklusivität hinsichtlich Trennung von Fahrzeug und Triebwerk erhalten. Es wird noch lange dauern, bis man zumindest auch für den Straßenverkehr diese Idee übernimmt, obwohl sie sich auch hier angesichts vielfältiger Anforderungen anbietet.

Tiefpunkt überwunden

So mancher Seefahrer sah in den achtziger Jahren das Ableben von Außenbordmotoren gekommen. Grund: Die scharfen Auflagen staatlicher Stellen für den oft unsauber laufenden Zweitakter, akzeptiert freilich auch von umweltbewussten Wassersportlern.
Die landläufige Meinung hatte sich ja auch nicht geändert, daß, ähnlich wie auf dem Land, Zweitakter qualmen, riechen, geräuchvoll sind und zu viel verbrauchen.

USA hinkte hinterher

Mit der Abqualifizierung der Zweitakter hatten amerikanische Hersteller nicht gerechnet. Statt mit intelligenter Technik die Motoren umwelt- und verbraucherfreundlicher zu gestalten, beglückten die großen US-Außenbord-Firmen die Kundschaft jahrzehntelang fast nur mit kosmetischen äußeren Änderungen. Unter einer hübsch entworfenen Motorhaube verbarg sich oft steinzeitlicher Motorenbau. So kam der »Bootsmotor des kleinen Mannes« in Verruf.

Japan nutzte die Chance

Nicht zuletzt durch den risikobewussten Einstieg japanischer Motorenbauer in dieser existentiell schwierigen Situation blies frischer Wind die amerikanischen Monopolisten aus süßen Dividenden-Träumen. Statt der unrühmlichen 1:25-Öl-Benzinmischungen vertrauten die Japaner auf verbesserte Ölsorten und machten 1:100 zum Mischungs-Standard. Einige Motoren fahren im Teillastbereich sogar mit etwa 1:150.

Härtetest. Hier werden seriennahe Außenbordmotoren eingesetzt, die auf maximale Leistung getunt wurden. Die Motorblöcke entsprechen weitgehend der Serie, die Nebenaggregate sind handgefertigte Unikate, die für eine spätere Serienproduktion in den Versuch kommen. Hier das berühmte »Sechs-Stunden-Rennen von Paris« auf der Seine.

USA holte auf

Ein Aufstöhnen ging durch die amerikanische Außenborder-Welt. Aber dann besann man sich eines Besseren. Heute sind die neuesten US-Zweitakter mit Getrenntschmierung (Kapitel 13) ausgerüstet und verdauen ohne weiteres ein Mischungverhältnis von 1:200 im normalen Fahrbetrieb.

Diese Idee ist gar nicht mal so neu. Schon in den 50er Jahren bot man in Deutschland einen kleinen Zweitakter-Wagen namens Gudbrot Superior mit Getrenntschmierung und Benzin-Einspritzung an.

Natürlich blieb den Herstellern von Außenbordern nicht verborgen, daß weltweit der Trend zum intensiven Ausfüllen der freien Zeit ging. Dem entsprach man durch preiswerte Großserienmotoren, weltweiten Service, kostengünstigere Wartung oder gute Wiederverkaufs-Möglichkeiten.

Wie beim Zweitakter ließ man es auch an technischen Verbesserungen nicht fehlen, die dem Außenbordmotor zu neuem Ansehen verhalfen. So ließen sich bleifreie Benzinsorten verwenden – für ältere Außenbordmotoren hätten sie das sichere Ende bedeutet –, möglich u.a. durch verbesserte Kolbenringe und Zylinderlaufbuchsen. Zu nennen sind weiter bessere Filter, wassergeschützte Ansaugkanäle, die auch bei rauher See einwandfrei bleiben, sowie wasserdicht verkapselte Hochspannungs-Zündsysteme und verfeinerte Vergaser- und Einspritzsysteme. Das alles ermöglicht endlich auch günstigere Verbrauchswerte.

Neue Techniken

Als noch wirtschaftlicher erwiesen sich die fortschrittlichen Zweitakt-V6-Motoren mit Zylinder- und Schubabschaltung. Und selbst die Keramik-Teile aus bis dahin geheim gehaltenen Motoren von Formel 1-Rennwagen werden seit 1991 in den 235 PS starken Außenborder-Serienmotoren von Suzuki im Alltagsbetrieb verwendet.
High Tech also im längst totgesagten Zweitakt-Motorenbau? Die Zukunft der leichten, dennoch äußerst leistungsstarken Zweitaktmotoren sieht jedenfalls vielversprechend aus. Darin sind sich nicht nur die Bootsmotoren-Hersteller einig. Selbst große Automobilhersteller wie General Motors, Ford, VW oder Jaguar arbeiten an den kompakten Zweitaktern mit Benzin- und Öleinspritzung und Katalysator.
Trotz aller Höhen und Tiefen in der Chronik der Außenbordmotoren sind die Vorzüge dieser Antriebsart heute so aktuell wie vor rund sechzig Jahren als Ole Evinrude den ersten Motor entwarf. Geradezu schnurrende Hochleistungsmotoren werden nun angeboten. Gute Wartung vorausgesetzt, sind sie zuverlässig und Störungen entstehen meist durch die selbstgemachte Art.

Viertakt-Außenborder

Konkurrenz für das Lager der Zweitakt-Aussenborder sind die technisch interessanten Viertakt-Motoren von Honda und Yamaha. Noch sind sie zahlenmäßig nicht die Spitze im Chor der Außenborder. Aber die Zuwachsraten sind beachtlich.
Noch fristen Viertakt-Außenbordmotoren gegenüber den Zweitaktern ein Mauerblümchen-Dasein. Immerhin bietem die marktbeherrschenden amerikanischen Hersteller Zweitaktmotoren in jeder PS-Klasse an. Von 2 bis 300 PS reicht die Palette und jedes Jahr kommen neue Modelle auf den Markt. Doch Honda setzt konsequent auf die Viertaktkarte, obwohl es gerade dieser vielseitigen Firma an Zweitakt-Know how sicherlich nicht fehlt. Unzählige Motorrad-Weltmeistertitel wurden von Honda-Zweitaktern gewonnen.
Yamahas Einstieg in das Geschäft der Viertakt-Außenborder kam für viele Kenner der Szene überraschend. Aber noch sind die Verkaufszahlen eher bescheiden, Aber mit den immer strengeren Umweltschutz-Bestimmungen könnten sich die sauberer verbrennenden Viertakter rasch durchsetzen. Dann fahren Honda und Yamaha auf der richtigen Welle und die amerikanischen Zweitaktmultis sind »out of business«.

In Amerika gehört eine Doppelmotor-Anlage schon zum guten Ton. Drei Motoren in Reihe sind im Wirkungsgrad schlechter als ein großer Motor, aber eine gute Show am Steg hat auch seine Reize.

Die ersten Viertaktmotoren von Honda brachten vor zehn Jahren noch nicht den gewünschten Erfolg: Das Leistungsgewicht war noch deutlich schlechter als bei den leichteren Zweitaktern. Inzwischen geht der Trend wegen verschärfter Emissionsgesetze zumindest auf Binnenseen in Richtung Viertakt.

Viertakt kontra Zweitakt

Mit pauschalen Urteilen sollten wir dennoch vorsichtig sein, Mit den Viertaktern sind folgende Nachteile in den Köpfen der Zweitakt-Gemeinde verwurzelt:

- Höheres Gewicht
- Höherer Preis
- Größere Korrosionsschutz-Probleme
- Schlechterer Wiederverkauf
- Serviceprobleme im Ausland

Als Vorteile attestieren auch Zweitaktfans den Viertaktern folgende Eigenschaften:

- Optimale Startfreudigkeit
- Geringerer Verbrauch
- Angenehme Laufruhe bei Langsamfahrt
- Bessere Umweltverträglichkeit

Jeder hat sein Gebiet

Beide Systeme haben also ihre besonderen Vor- und Nachteile. Als Beispiel seien zwei Stuttgarter Segel- und Motorboot-Fahrschulen genannt. Für diese sind schon seit vielen Jahren die teureren Viertaktmotoren erste Wahl, weil im Schulungsbetrieb vorwiegend mit wenig Gas gefahren wird. Ein Anlegemanöver folgt dem nächsten und das mag der zweitaktende Bruder so gern nicht, da die Zündkerzen verrußen. Die Viertaktmotoren von Honda hingegen können stundenlang ohne einen »Motorschüttler« im Schulbetrieb arbeiten.

Daß Viertaktmotoren gute Starter sind, hat sich ja schon bei Stromgeneratoren, Rasenmähern und anderen Hilfs- und Einbaumotoren gezeigt. Seit der Einführung von kontaktlosen Zündanlagen verzeihen freilich Zweitaktmotoren klagloser Bedienungsfehler. Dennoch starten Viertakter – frei von der etwas zündhemmenden Ölbeimischung – noch spontaner.

Im Verbrauch sind, wie erwähnt, Viertakter klare Sieger. Bis zu 50% ist ihr Mindervebrauch etwa bei konstanter Fahrt als Hilfsantrieb am Segelboot oder beim Ziehen einer Schleppangel. Entsprechende amerikanische Berufsangler setzen deshalb vermehrt Viertakt-Außenborder ein. Bei Vollgas verbraucht der Viertakter etwa 15% weniger.
Beim Vergleich der Geräuschbildung schneiden Viertakt-Motoren besonders gut ab, weil das belästigende Lärmniveau tiefer liegt. Zwar erweist sich mancher Zweitaktmotor geräuschärmer als vergleichbare Viertakter. Dennoch ist das sonore Viertaktbrummeln ein wichtiges Kaufargument beispielsweise für Segler.
Bei Schachtmotoren hört sich ein Viertakter vertrauenerweckender an, als der gewiss nicht weniger zuverlässige Zweitakter. Viele Segler nehmen deshalb das höhere Motorgewicht in Kauf, obwohl die Segel-Eigenschaften darunter leiden.
Über die Korrosions-Probleme von Viertaktmotoren lassen sich die Mitglieder der Zweitakt-Gemeinde gerne aus. Doch bei entsprechender Sorgfalt und fachlich einwandfreier Wartung hält ein Viertakt-Außenborder in der Regel länger als ein Zweitakter. Ohne fachgerechte Wartung jedoch verschleißt der Ventilantrieb des Viertakters nach wenigen Jahren.
Zweitaktmotoren nehmen eher eine nachlässige Wartung hin und Salzwassereinflüsse meist etwas besser, weil der Motor aus weniger verschleißanfälligen Teilen besteht.

Aus der Mottenkiste. 1955 warb eine Münchner Firma bei der Sportartikel-Messe in Wiesbaden: »Als Boot bietet der Anhänger vier Personen Platz. Die Räder sind im Wasser Stabilisierungsflächen, die Radkästen Schwimmer. Der Preis mit Motor, Zeltplane und Planengestell beträgt runde 1500 Mark«. Von einer erfolgreichen Testfahrt wurde nicht berichtet.

Mit dem Wankelmotor schien auch für Außenborder eine neue Epoche zu beginnen. Vibrationsfrei kreisende Kolben sicherten ruhigen Motorlauf. Mit einer 1961 erworbenen NSU-Wankel-Lizenz brachte Yanmar, Japan, bald 20 und 45 PS-Außenborder heraus. Der Schnitt durch Abdeckung und Motor lässt oben den direkt auf der Antriebswelle kreisenden Kolben erkennen. Doch der Zweitakter war billiger herzustellen.

Der kompaktere Wankelmotor machte 1963 ein neuartiges 18 PS-Schleppgerät von NSU für Wasserskifahrer möglich. Die Sportsfreundin hält es in den Händen. Ein bemanntes Boot war nicht erforderlich. Aber NSU musste sich auf das Auto konzentrieren.

Diesel-Außenborder

Für bestimmte Einsatzzwecke und für verringerten Verbrauch sind auch Diesel-Außenborder in fortgeschrittener Entwicklung. So werden Yanmar- und Selva-Außenborder auch mit einem Diesel-Zylinderkopf bestückt (siehe auch Kapite 2 »Der Yanmar-Diesel«).
Die Verbreitung der selbstzündenden Außenborder ist jedoch noch so gering, daß hier auf das im gleichen Verlag erschiene Buch »Bootsmotoren – Innenbord-Diesel« hingewiesen sei.

Die Schadstoff-Frage

Durch die Zunahme der »Verbrenungsstellen« weltweit – seien es Kraftwerke, Heizanlagen, Turbinen oder Motoren – ist die Umweltverträglichkeit aller dieser Verbraucher zu einem wichtigen Thema geworden.
Was seegehende Motoren betrifft, waren in diesem Zusammenhang, wie erwähnt, die qualmenden und riechenden Zweitakter in die Diskussion gekommen. Es hat beispielsweise am Bodensee und anderen Binnenseen zum Verbot von Zweitaktmotoren über 10 PS geführt. Eine damals gewiss richtige Entscheidung, die heute aber nach Expertenansicht nicht unbedingt mehr haltbar ist. Neue Motoren mit besserer Verbrennung durch völlig neu geschaffene Ölsorten ermöglichen weitgehend umweltverträglichen Wassersport auch mit Zweitaktmotoren. Dennoch sind Viertakter prinzipiell umweltverträglicher, denn fast kein Öl gelangt in den wassergekühlten Auspuff.
Sowohl Zweitakt- wie auch Viertaktmotoren könnten allerdings noch wesentlich umweltfreundlicher sein. So ist die Katalysatortechnik bei den neuesten Zweitaktmotoren der Automobil- und Leichtflugzeug-Firmen im Versuch.

Noch einmal zum Bodensee, der freilich nur in den Monaten April bis Oktober als rege befahrenes Gewässer gelten kann. Die internationale Schiffahrtskommission hat im Oktober 1992 Abgasnormen für alle neuen Bootsmotoren beschlossen. Ab Januar 1993 müssen alle Motoren dieser Norm entsprechen, wenn sie für dieses Revier zugelassen werden sollen.
Bei Erscheinen des Buches war noch nicht geklärt, ob fabrikneue Motoren aus den Lagerbeständen der Händler eine nachträgliche Ausnahmegenehmigung erhalten. Die Verkehrsministerien der Anrainerstaaten sind in Zweifelsfällen zur Auskunft verpflichtet. Zuständig ist z. B. das Ministerium für Baden-Württemberg, Stuttgart, Villa Reitzenstein.

Gas- und Elektromotoren

In den USA werden bereits für die Umstellung von Viertakt-Benzin-Außenborder auf Gasbetrieb Umrüstsätze angeboten. Der nahezu schadstoff-freie Betrieb wird durch ein Butan-Propangas-Gemisch möglich. Auch für Stromaggregate sind die Umrüstsätze dort erhältlich.
In Europa, zumal in Deutschland, sind auch Elektro-Außenborder im Handel. Das Problem ist das gleiche wie im Fahrzeug-Antrieb: Man ist auf schwere Batterien angewiesen und Leistung und Reichweite können nicht befriedigen. Es ist auch die Frage, ob in absehbarer Zeit so weit verbesserte Batterien entwickelt werden können, daß der an sich schätzenswerte Elektro-Antrieb, der auch geräuschmäßig die Mitwelt schont, wirklich an Bedeutung gewinnt.

Praktikable Außenborder

Das Leistungsgewicht oder, anders ausgedrückt, das Verhältnis von Leistung zum Gewicht von Motor und Getriebe, ist für Außenbordmotoren einmalig günstig. Und die bis etwa 50 PS starken Zweitaktmotoren sind vom Aufbau und von der Wartung her einfache Maschinen. Vor den neuesten Sechszylinder-Modellen zucken allerdings selbst gestandene Mechaniker etwas zusammen.
Das Preis-Leistungsverhältnis ist durch die Großserien-Produktion im Vergleich zu Diesel- oder Benzin-Innenbordmotoren um vieles günstiger. Nirgendwo bekommt man für sein Geld so viel Leistung wie bei einem auch modernen und sauber arbeitenden Zweitakt-Außenbordmotor.
Wer sich zum Wassersport hingezogen fühlt, beginnt oft damit, sein kleineres oder größeres Boot mit Motorkraft antreiben zu lassen, in vielen Fällen ist es der Außenborder. Immerhin ist der Schritt vom Auto zum motorisierten Boot einfacher als zum Segelboot, das nach umfangreicher Zusatzausrüstung verlangt. Liegeplatzprobleme fallen bei kleineren Booten weg, da sie trailerbar sind. Die Kosten für den Außenbordbetrieb sind leicht erfassbar.

Lebensdauer kann hoch sein

Bei sachgerechter Pflege sind Zweitakt-Außenbordmotoren fast gleich robust wie Viertakt-Benzinmotoren. Bei einer durchschnittlichen Laufzeit von etwa 70 Stunden pro Saison bereitet ein gut gewarteter Zweitakt-Außenbordmotor seinem Besitzer für etwa acht bis zehn Jahre keine größeren Probleme. Die Industrie rechnet mit Standzeiten von 500 Stunden ohne Reparaturen bei 3/4 Vollgasbetrieb.
Vorteilhaft gegenüber den mit ständig wechselnder Last gefahrenen Auto-Motoren (»Last-

feld-Motoren«) ist es, daß Motoren für Wasserfahrzeuge meist mit konstant bleibender Drehzahl betrieben werden (»Lastlinien-Motoren«). Es wirkt sich positiv auf die Lebensdauer aus.
Die Nachteile gegenüber Dieselmotoren sind prinzipieller Natur: Abhängigkeit von der feuchtigkeitsempfindlichen Zündanlage, höherer Verbrauch im Vollastbereich, nicht optimale Starteigenschaften oder erhöhtes Feuer- und Explosionsrisiko durch die Verwendung von Benzin.

Gute Pflege zahlt sich aus

Gerade weil Außenbordmotoren in Unterhalt und Wartung so benutzerfreundlich sind, kümmern sich viele Bootsfahrer entschieden zu wenig um das treue Stück. Vielfach behandelt man es so, wie man es vom Auto her gewohnt ist, nämlich ohne große Beachtung. Daraus entsteht oft eine Menge Ärger, vielleicht ein verpatzter Urlaub oder nicht zuletzt ein Seenotfall. Eine Panne fern dem Ufer ist natürlich mit mehr Risiko behaftet als an Land.
Störungen und Folgeschäden aus Vernachlässigung lassen sich mit einem Mindestmaß an technischem Verständnis vermeiden.

Der individuelle Motor

Welcher Außenbordmotor nach Leistung, Arbeitsverfahren oder Fabrikat im Einzelfall gewählt wird, hängt von vielen und zum Teil von den schon erwähnten Faktoren ab. Auf jeden Fall ist die Bootsgröße und das bevorzugte Einsatzrevier zu berücksichtigen, ob es also flache oder tiefe Binnengewässer sind, ob mit starken Strömungen zu rechnen ist, so bei Bergauffahrten bei Flußläufen, oder ob man vorzugsweise küstennahe oder -fernere Seereviere befährt. Hier ist der Salzwasser-Einfluss zu berücksichtigen.
Natürlich spielt es eine Rolle, ob der Motor Gewerbezwecken dient, ob er nichts als ein zuverlässiger Antrieb für den in die Seefahrt Einsteigenden oder nur Hilfsantrieb ist, wie bei Segelyachten oder ob er Power bringen muss, wie beim Wasserskisport. Zu entscheiden ist auch, ob man nicht besser zwei Motoren wählt – dann mit gegenläufigen Propellern – oder ob man schließlich grundsätzlich noch zwischen Außen- oder Innenbordmotoren entscheiden muss.
Zu allen diesen Fragen, auch was den ganz persönlichen Anspruch (Umweltverträglichkeit, Geräusch) oder Fabrikat, Wartung und Werkstatt betrifft, geben die folgenden Kapitel und die Illustrationen nähere Auskunft.

Motor-Marketing

Der Interessent und Käufer von Außenbordmotoren steht in der Regel vor einer schweren Aufgabe. Die bekannten Hersteller legen große, vielfach abgestufte Angebotslisten vor. Ratsam ist es, sich vor einem Kauf etwas sachkundig zu machen, sei es bei im Wassersport Gleichgesinnten oder in Clubs und Vereinen, durch entsprechende Literatur oder beim Händler und Bootsmechaniker.
Das Problem ist das rasch, oft jährlich, wechselnde Modellprogramm. Dabei ändern sich oft nur das äußere Design oder die Namen für manchen nur wenig oder kaum geänderte Systeme, etwa bei der Zündanlage. Besonders die US-Hersteller kennen da wenig Hemmungen um des effektiven Marketings willen. Auch Yamaha oder Suzuki sind in dieser Hinsicht rege, während bei Honda und Tohatsu etwas mehr Modellkonstanz waltet.

Freie Wahlen

Nur wenige angehende Seefahrer finden auf Anhieb das richtige Boot und den dafür passenden Außenbordmotor – falls sie sich nicht schon für ein Wasserfahrzeug mit Innenborder entschieden haben. Die folgenden Zeilen sollen die Auswahl für den Außenborder erleichtern.
Natürlich ist man versucht, den Motor zu wählen, der den geringsten Kraftstoffverbrauch erwarten lässt. Dieses Kriterium spielt für amerikanische Wassersportler eine untergeordnete Rolle. Dort kostet ein Liter Zweitakt-Mischung knapp 70 Pfennig. Der französische Skipper wird bei einem Literpreis von gut 3,50 DM leicht 100 DM je Fahrstunde los. In Zeiten knappen Geldes schlägt jedoch auch für den deutschen Seefahrer das Vergnügen stark auf den Geldbeutel, wenn er sich übermotorisiert. Doch die Kraftstoffpreise sind nur der geringere Teil einer nüchternen Kostenrechnung. Ein wirklicher Fehlkauf wirkt sich bedeutend nachteiliger aus.

Drei-Punkte-Katalog

Bei der Kaufentscheidung sind es vor allem drei Punkte, die man vor dem Kauf eines neuen Außenborders beachten sollte:
1 – Passt der Motor von der Leistung her zum vorhandenen Boot? Wo liegen die persönlichen Ansprüche im Rahmen der finanziellen Möglichkeiten tatsächlich?
2 – Sind die persönlichen seemännischen und motortechnischen Fähigkeiten ausreichend für das angepeilte Boot und seinen Motor?
3 – Ist die Ersatzteilversorgung und Wartung des Motors in den bevorzugten Fahrtgebieten gesichert?
Zu diesen drei Fragen nachstehend einige Erklärungen.

1 – Motor und Boot

Ein beispielsweise 4 Meter langes Schlauchboot ist mit einem 15 PS starken Motor für die Mehrzahl von Wassersport-Neulingen ausreichend motorisiert. Ein gleich langes Feststoffboot braucht etwa 25 PS, damit es ins Gleiten kommt. Eine zweiköpfige Besatzung kann damit angenehme Stunden auf deutschen Flüssen wie etwa Main oder Neckar verbringen. Für den schnell fließenden Rhein bedeutet allerdings diese Minimal-Motorisierung ein Sicherheitsrisiko. Hier wären 25 PS für ein Schlauchboot und 35 PS für ein offenes Sportboot das Richtige.
Für Wasserskifahrer fängt der Spaß bei 35 PS für das Schlauchboot und 50 PS für das Kunststoffboot erst an. Mehr Vergnügen garantieren 50 PS für das Schlauchboot und 75 PS für den festen Rumpf. Amerikanische Wasserskifahrer würden freilich das Schlauchboot gleich vergessen und das Feststoffboot erst mit 110 PS unter Schub setzen. Halten wir fest: Zwischen Minimal- und Maximalmotorsierung liegt die große Spanne von über 400 Prozent.
Offene Segeljollen sind mit einem 2 PS leistenden Motor ordentlich bestückt. Der Schwerpunkt liegt ja hier beim Segeln und der Motor ist bei Segelbooten in aller Regel nur der »Flautenschieber«.
Ein Kajütsegelboot von 6,5 bis 7,5 Meter Länge wiegt etwa 1 1/2 bis gut 2 Tonnen. Hier

Nasse Straße. Spaß für ein Ford-Mercury-Team aus Arizona, das in Kiel eine Probefahrt unternahm. Die Hohlräume des 285 PS-Straßenkreuzers sind mit Hartschaum augefüllt. Der 15 PS-Mercury Außenborder drückt das Ding durch das Wasser. Serienfertigung war nicht beabsichtigt.

Bastelstunde. Diese rasende Sperrholzkiste von 1965 ist die Miniaturausgabe eines Tragflächenbootes, wie sie Italien-Urlauber von den Äolischen Inseln her kennen.

Die Kombination aus einem sicheren, fahrstabilen Schlauchboot mit GFK-Rumpf und einem mittelstarken Außenborder hält die Kosten in Grenzen, erfordert aber höheren Pflegeaufwand als ein reines GFK-Sportboot gleicher Motorisierung.

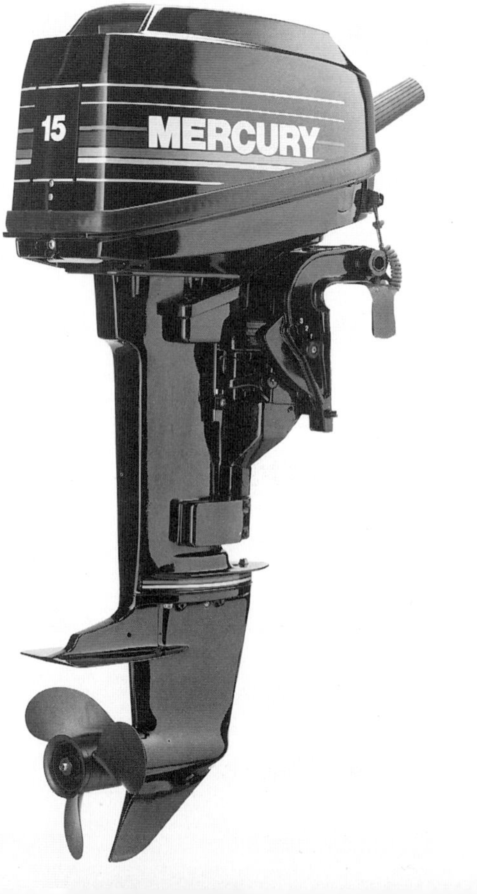

Im Serviceangebot und im Wiederverkauf gehört Mercury zu den besten Namen. Qualitativ sind die guten japanischen Hersteller gleichgezogen. Tohatsu fertigt sogar einige kleine Modelle im Auftrag von Mercury.

Die schnellen italienischen Küstenrettungsboote werden häufig von amerikanischen Johnson-Motoren angetrieben. Johnson fertigt auch sogenannte Commercial-Motoren für Arbeitsboote, die ungleich höher belastet werden als bei der Sportschiffahrt.

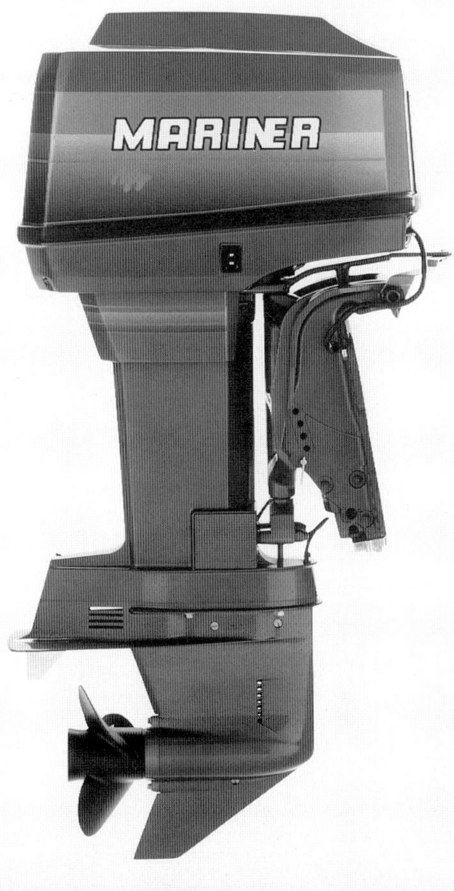

Mercury vertreibt die Mariner-Außenborder in Deutschland. Diese Motoren – hier ein 50 PS-Exemplar – sind keine abgespeckten Mercurys, sondern eigenständige Konstruktionen aus der Zusammenarbeit zwischen Mercury und Yamaha.

sollte der kleinste Hilfsmotor wenigsten 5 PS stark sein. Auf den großen Binnenseen sind aber die Windgeschwindigkeiten nicht zu unterschätzen. Ein 8 PS leistender Außenborder bringt den Extraschub für groben Seegang und hohe Windabdrift. Für das Küstensegeln sind 9 bis 10 PS ideal, sofern das hohe Motorgewicht die allgemeinen Segel-Eigenschaften nicht zu negativ beeinflusst. Die Spanne zwischen kleinster und höchster Motorleistung liegt bei etwa 100 Prozent.
Mindestens so wichtig wie die reine PS-Leistung ist der passende, schubstarke Propeller (Kapitel 22).
Die leichtgewichtigen, trailerbaren Katamarane oder Trimarane sind in Küstengewässern mit 5 bis 6 PS ordentlich motorisiert. Am Bodensee reicht ein 4 PS-Motor für eine Fahrtgewschwindigkeit von ca. 12 Knoten etwa beim Typ Dragonfly oder einem F24-Trimaran.
Die Verdränger unter den Motorbooten verhalten sich vergleichsweise wie Kajütsegelboote. Zu viele PS erhöhen nicht die reine Fahrtgeschwindigkeit, denn das Boot kommt nicht ins Gleiten, bedingt durch die Form des Rumpfes. Es ist eben ein (Wasser-) Verdrängungsboot.

2 – Eigene Erfahrungen

Wer gibt schon gern zu, daß die eigenen seemännischen und motortechnischen Fähigkeiten oder Erfahrungen nicht überragend oder gar nicht vorhanden sind. Natürlich fehlt es im allgemeinen an Zeit und Übung, sich seiner Vorliebe intensiver zu widmen. Doch die Technik kommt einem entgegen. So liegt der jahrzehntelange Verkaufserfolg für amerikanische Außenbordmotoren nicht allein an der relativen Preiswürdigkeit, sondern auch an fast narrensicheren Bedienung. Für Amerikaner zählt nicht nur beim Autofahren die Devise: Auf Knopfdruck muss alles funktionieren.
Wirklich unkompliziert sind Außenborder ohne Fernschaltung, die mit dem Handstartseil gestartet werden. Das wäre also die Klasse von 2 bis 25 PS. Diese Kraftzwerge sind noch im Kofferraum eines Autos zu transportieren. Für die Wartung oder Reparatur fällt der Trailer-Transport zum Händler, bezw. Werkstatt, mit vielen Nebenarbeiten wie das Slippen oder Kranen weg. Unkomplizierter geht es wohl kaum noch und auch nicht preiswerter. Die Nebenkosten des Motorbootfahrens sind ja im Grunde die eigentlichen Kostenfaktoren. Deshalb sollten Wassersportneulinge mit dem Motor lieber eine Nummer zu klein als zu groß anfangen. Ein gebrauchtes Serienboot mit einem gebrauchten Motor bis 25 PS ist für alle Beteiligten durchaus sinnvoll.
Wie weit man die späteren Möglichkeiten im Wassersport erleben möchte, hängt in erster Linie vom eigenen Konto und vom Faktor Zeit ab. Sekundär bestimmen Frust angesichts eigener Unzulänglichkeiten, wie lange man dem Wassersport verbunden bleibt. Deswegen hat »Klein angefangen noch nie geschadet«.

3 – Werkstatt und Wartung

Man sollte nicht vergessen, daß die richtige Wahl des Motors auch von Lage und Qualität der Fachwerkstatt abhängig ist. In diesem Zusammenhang sind Gespräche mit anderen entsprechenden Bootsbesitzern der Region nötig. Die Mund-zu-Mund-Information im negativen wie im positiven Sinn ist bei Wassersportlern noch intakt. Ein guter Bootsmechaniker ist Gold wert, ein schlechter kann einem nachhaltig das Vergnügen am Wassersport verderben. Manche Skipper sind deshalb schon dazu übergegangen, ihren heimischen

Die italienischen Caniti-Motoren sind heute schon Exoten, weil sie trotz guter Ansätze technisch den Anschluß an die japanischen und amerikanischen Großserienhersteller verloren haben.

Ein großer 50 PS-Selva-Motor mit einem kleinen, für das Autodach tauglichen Sportboot. Diese Kombination ist ein Fehlkauf in zweifacher Sicht: Das Boot ist glatt übermotorisiert und die italienischen Selva-Motoren sind technisch zwar gut, aber nur wenige Service-Stützpunkte verwöhnen den Kunden.

Anlandung mit laufendem Motor. Nicht zur Nachahmung empfohlen. Das russische Aluminiumboot verträgt die rauhe Behandlung, aber die Wasserpumpe des Motors saugt zwangsweise Sandpartikel an, die in der Wasserpumpe jeden Impeller schädigen.

Bootsmechaniker ans Mittelmeer zu beordern, weil die ortsansässigen Mechaniker oft wenig Verständnis für ihre ausländische Kundschaft aufbringen.
Nach unserer langjährigen Erfahrung mit Bootsmotoren der verschiedensten Qualität und Herkunft sind wir zu der Ansicht gekommen, daß der Bootsmechaniker selbst eigentlich ein »Yachtie« sein sollte. Ein hervorragender Automechaniker hält zum Beispiel Korrosionsprobleme bei Bootsmotoren für zumindest übertrieben. Der Straßenverkehr konfrontiert den Praktiker mit ganz anderen Problemen und entsprechenden Erfahrungen.
Also: Erste Voraussetzung für den richtigen Kauf des neuen Motors ist die Werkstatt (siehe auch Kapitel 5), dann das Fabrikat und letztlich der Preis. Die Qualität der neueren Triebwerke ist so gut, daß bei einer durschnittlichen Laufzeit von etwa 50 bis 70 Stunden pro Jahr die Maschine 6 bis 8 Jahre problemlos arbeitet, sofern die nötigen Wartungsarbeiten sorgfältig ausgeführt werden. Ein Indiz dafür sind Außenbordmotoren, die 10 und mehr Jahre alt sind und immer noch ihre Besitzer zufriedenstellen. Im Winterhalbjahr sind diese Motoren meist in der Fachwerkstatt zu bewundern. Wer nur über den Preis seinen Motor erwirbt, hat auf lange Sicht sich selber keinen Gefallen erweisen.

Diesel-Außenborder

Die Standard-Motorisierung bei größeren Motor- und Segelyachten sind Diesel-Innenborder. Sie sind nun einmal sparsam und langlebig und unempfindlicher gegen Feuchtigkeit und Wasser als Zwei- oder Viertakt-Benzin-Außenborder.
Warum sollten also die Vorteile dieses Motortyps nicht auch für Außenborder sinnvoll sein? Diese Frage geisterte seit Jahren in den Köpfen der Branche. Aber kein Hersteller von Benzin-Außenbordern präsentierte einen serienreifen Selbstzünder. Dann aber überraschte die japanische Firma Yanmar auf einer Londoner Bootsschau mit der Weltneuheit – einen Außenbordmotor mit einem Kraftkopf, in dem es nach dem Dieselprinzip arbeitet.

Schlauchboot groß. Als Expeditionsboote und Versetzboote für den Arbeitseinsatz ist dieser Bootstyp ideal, da extrem belastbar. Wegen der hohen Bordkanten wird ein Außenborder mit Langschaft eingesetzt.

Der Yanmar-Diesel

Yanmar ist weltweit der größte Hersteller von Kleindieselmotoren. So brachte man denn auch 1989 zwei Diesel-Außenborder auf den Markt: Einen 27 PS-Motor mit 808 cm^3 Hubraum und einen 36 PS-Motor mit 1109 cm^3 Hubraum. Die Kraftstoff-Einspritzung erfolgt über Einspritzdüsen ohne Verteiler-Regelung. Überraschend hoch ist die Drehzahl mit 4500/min. Kein anderer Bootsdiesel kommt auf ein ähnlich hohes Drehzahlniveau.

Das prinzipielle Handicap aller Dieselmotoren ist das hohe Gewicht. In dieser Hinsicht liegt der Yanmar-Diesel mit 87 kg Trockengewicht für den D27 und 118 kg für den D36 an der Grenze des Verträglichen. Der 30 PS-Mariner-Benzin-Zweitakter wiegt hingegen nur 48,6 kg trocken. Ein 40 PS-Motor bringt es auf durchschnittlich 67 kg. Für ein leichtes Sportboot ist zusätzliches Gewicht im Heckbereich ein fahrtmindernder Faktor.

Dieselmotoren brauchen freilich weniger »Futter« als vergleichbare Benziner. Bei leichter Gleitfahrt konsumiert der Yanmar-Diesel etwa die Hälfte Kraftstoff, bei Vollast nur etwa ein Drittel im Vergleich zu einem Zweitakter.

Erstaunlich ruhig läuft der Yanmar-Diesel oberhalb der Leerlaufdrehzahl. Der sonore Ton klingt angenehm fürs Ohr, nur geringe Vibrationen übertragen sich dabei auf den Bootskörper – kein Vergleich zu einem Einzylinder-Innenbord-Diesel. Der Yanmar-Dreizylinder-Diesel dreht recht willig hoch, obwohl natürlich die Spritzigkeit eines Zweitakt-Außenborders prinzipbedingt nicht erreicht wird. Immerhin ist mit dem 36 PS-Motor Wasserski-Betrieb mit einem etwa 6 Meter langen Feststoffboot möglich.

Fazit: Mit einer technisch sehr aufwendigen Konstruktion stellt der Yanmar-Diesel-Außenborder für schwere Verdränger und Arbeitsboote eine ökonomisch sinnvolle Lösung dar. In Japan setzt die Küstenwache die Yanmar-Diesel für Strandrettungs-Dienste ein. Für unsere kleinen Sportboote stimmt die Relation von Leistung zu Gewicht und letztlich auch zum Preis nicht mit den Vorstellungen der meisten Freizeit-Skipper überein. Für die gleichen rund 18 000 DM erhält man einen dreimal stärkeren 110 PS-Zweitaktmotor. Für Berufsskipper dürfte jedoch die Kostenrechnung bei den immer höher kletternden Kraftstoffpreisen nach einigen Jahren Betrieb positiv für den Diesel-Außenborder ausfallen.

Helfershelfer

Der Wind lässt sich nicht befehlen und man kann ihn nicht starten wie einen Motor. Bei vielen Häfen darf nicht unter Segel ein- und ausgelaufen werden. Diese und viele andere Gründe lassen den Segler eine zusätzliche Antriebskraft ratsam erscheinen. Als leicht zu installierende Kraft bietet sich der Außenborder an. In besonderen Fällen – so bei Wettfahrten, um Gewicht zu sparen – läßt man ihn einfach an Land.
Häufig hört man jedoch das Argument, daß Außenborder weniger stark in ihrer Schubkraft sind als ungefähr vergleichbare Innenbordmotoren. Beipiele aus der Praxis der Autoren belegen jeodch das Gegenteil.

Innen- oder Außenborder?

Der bekannte Spruch: »Hier staunt der Laie und der Fachmann wundert sich« trifft besonders auf die Motorisierung von trailerbaren Segelyachten zu.
Einer der Autoren erwarb vor Jahren ein 7 Meter langes und 2 Tonnen schweres Kajütsegelboot. Aus Gewichtsgründen empfahl der süddeutsche Bootshändler einen 6 PS starken Chrysler Sailor-Außenbordmotor. Es handelte sich dabei um den ersten Außenborder aus der Großserie mit einem 1:3 untersetzten Getriebe.
In kleiner Stückzahl baute Zündapp einen sehr kompakten 5 PS-Motor, der als stark untersetzter Flautenschieber für Segelboote fast ideal war. Es war ein Klassemotor, wenn er lief. Aber seine Startprobleme trieben manchen Segler Schweiß auf die Stirn. Zündapps interessante Ideen scheiterten letztlich wegen einer zu geringen Kapitaldecke und einer viel zu breitem Produktpalette für ein mittelständiges Familien-Unternehmen.
Aber zurück zum Chrysler Sailor-Motor. Der überdurchschnittlich große Propeller sollte für einen maximalem Vorschub und überlegene Rückwärtsfahrt-Eigenschaften sorgen. Die Rückwärtsfahrt ist bei klein dimensionierten Standard-Propellern ein leidiges Problem, weil Kavitation auftritt. Der Propeller »schlägt Luft« und wird von den hochgespannten kleinen Blasen regelrecht angenagt.

Der Innenborder

Die Alternative war ein 6 PS starker Faryman Diesel-Innenborder. Gut 80 Kilogramm schwerer, aber weit kräftiger als jeder 10 PS-Außenbordmotor – so erklärte der Motorenspezialist der Werft den Leistungsvorteil einer soliden Innenbordmaschine. Der preisliche Unterschied zwischem dem 6 PS Außenborder und dem 6 PS-Faryman-Einzylinder-Diesel lag bei stolzen rund 8000 DM und die konnten dafür nicht ausgegeben werden.
So wurde – wenn auch etwas widerwillig – der 6 PS-Chrysler-Außenborder gekauft. Nach einem problemlosen sechswöchigen Ostseetörn stand fest, daß die Leistung völlig ausreichend war.
Der Vergleich zum 6 PS-Dieselmotor-Innenborder folgte ein halbes Jahr später. Ein Freund kaufte sich das gleiche Boot und mit diesem jenen Motor. In der Höchstgeschwindigkeit fuhr unser Boot mit dem Außenborder klar vorneweg. Das Geschwindigkeitsplus betrug etwa 0.4 Knoten, obwohl das Boot mit schwerer wiegendem Zubehör ausgerüstet war. Die Rückwärtsfahrt gestaltete sich durch den schwenkbaren Außenborder wesentlich einfacher.

Ein nur 2 Tonnen schwerer, 10 Meter langer Renn-Katamaran vor Korsika. Bei diesem schnellen Bootstyp werden leichte Außenborder von 15 bis 25 PS schwenkbar am Heck gefahren. Vorteil ist das geringe Gewicht, Nachteil die spritzwasserempfindliche Zündanlage.

Der Unterschied

Ein paar Jahre später erwarben wir einen 37 Fuß-Langkieler mit einem 50 PS starken Perkins 4/108-Dieselmotor. Bei Vollgas zeigte das Log 7.4 Knoten an. In der Karibik wurde es einmal nötig, sich wegen eines Getriebe-Defektes durch einen Fischer in eine Bucht abschleppen zu lassen. Das Fischerboot war mit einem 50 PS starken Yamaha-Außenbordmotor ausgerüstet. Im Schlepp wurden stolze 7–9 Knoten Fahrt erreicht.
Jeder Segler kennt die maximale Geschwindigkeit seiner Yacht. So schnell waren wir noch nie durchs Wasser gerauscht wie mit diesem 50 PS-Triebwerk. Erkenntnis in diesem Fall: Gleich starke Außenbordmotoren sind dem sonst immer hoch gelobten Innenbord-Dieselmotor in der reinen Schubkraft überlegen.

Verluste beim Innenborder

50 PS sind eben doch nicht gleich 50 PS. Der entsprechende Wirkungsgrad ist entscheidend. Gerade bei PS-schwachen Motoren geht durch eine starre Wellenanlage und das meist überdimensionierte Getriebe ein gutes Stück Leistung verloren.
Weiter: Der Antrieb der Lichtmaschine kostet viel von der Motorleistung, die größeren Zweikreis-Wasserpumpen verlangen auch ihr Teil davon und ebenso die Wellenanlage mit dem Reibungsverlust durch die Stopfbüchse. Wohingegen bei einem 6 PS starken Außenborder doch wohl 5 bis 5.5 PS an der Schraube ankommen dürften.
Über die grundsätzlichen vorhandenen Vorzüge von Dieselmotoren auf dem Wasser muss hier nicht gesprochen werden. Halten wir zumindest das fest: Jeder Bootstyp braucht den passenden Motor, der aber nicht leicht zu finden ist. Bei leichtgewichtigen Trailerbooten oder schnellen Mehrrumpfyachten sind aber leistungsstarke Außenborder in der Tat sinnvoll.

Der 11 Meter lange Fahrten-Katamaran Louisiana kann wahlweise mit einem 25 PS-Langschaft-Außenborder oder zwei kleinen, je 15 PS starken Innenbord-Dieselmotoren ausgerüstet werden. Von der Seesicherheit her ist die zweite Lösung besser, aber das Mehrgewicht von gut 200 kg verschlechtert die Fahreigenschaften bei Leichtwetter spürbar.

Halboffener Schacht bei einer 8 Meter langen Segelyacht. Diese Motoranordnung ist unkompliziert in Handhabung und Service im Vergleich zu einem Diesel-Innenborder. Dank Großserienfertigung sind Außenborder auch nur halb so teuer wie Innenbordmotoren.

Außenborder oft im Vorteil

Der rund 850 kg schwere 8 Meter lange Dragonfly-Kreuzer-Trimaran erreicht zum Beipiel erstaunliche 9 Knoten Fahrt mit einem 3 PS-Yamaha-Malta-Außenborder. Ein 6 PS-Dieselmotor würde durch sein hohes Gewicht die hervorragenden Gleiteigenschaften illusorisch machen. Ein 37 Fuß langer Louisiana-Fahrtenkatamaran von Marc Pajot fährt nach unseren Erfahrungen mit einem 20 PS starken Evinrude-Außenbordmotor mühelos 15 Knoten Fahrt bei glatter See. Ein gleich starker Dieselmotor wäre klar unterlegen, wie uns der Werftvertreter versicherte.

Zwei 20 PS starke Aussenbordmotoren wiegen nicht einmal die Hälfte eines Dieselmotors mit den erforderlichen Nebenaggregaten. Wenn das Gesamtgewicht eine wichtige Rolle für die Fahreigenschaften der Yacht spielt, sollte man sich trotz mancher bekannter Vorbehalte intensiv mit einem leichten Aussenborder-Antrieb beschäftigen.

Der ideale Flautenmotor für ein knapp 7 Meter langes Kajütsegelboot ist derzeit nicht auf dem Markt zu entdecken. Ideal wäre ein leichter Viertaktmotor mit 6 PS und starker Untersetzung im Stil des 9,9 PS-Viertakters von Yamaha. Dieser Motor, zumal mit einem großen Propeller, würde schon bei kleinerer Drehzahl – also verringerter Kavitation – seinen besten Schub bei der richtigen Betriebstemperatur erreichen. Alle bekannten Großserienmotoren sind für die schnelleren Motorboote konstruiert.

Noch einmal Zwei- und Viertakt

Ein untertourig laufender Zweitaktmotor verrußt eventuell in einem ungeeigneten Moment. Mehr Schub liefern die 10 PS-Motoren. Aber die Mehrleistung wird natürlich durch höheren Verbrauch, aber auch höheres Gewicht ziemlich teuer erkauft. Technisch gesehen, passt die Motorleistung nicht immer zum Propeller und Boot.

Dieser Flautenschieber arbeitet in einem geschlossenen Schacht auf einer 6 Meter langen Segelyacht. Im Dauerbetrieb bekommt der Motor zu wenig »Atemluft«, was zu Leistungsminderung und Überhitzung führt. Weite Zuluftkanäle verhindern dieses Problem.

Stark einseitig von der Heckmitte angebrachter Motor. Bei Lage Steuerbord kommt der Propeller halb aus dem Wasser heraus. Das führt zu Leistungsminderung durch Kavitation und Überhitzung, weil die Wasserpumpe mehr Luft als Wasser ansaugt.

Der relativ schwere Motor führt zur Hecklastigkeit durch den langen Hebel. Verschlechterte Segeleigenschaften bei Leichtwind. Das hinten angehängte Ruder kann mit dem Motor kollidieren.

Seltene Lösung: Innenbordruder mit schwenkbarem Außenborder. Die Bedienung von Choke, Gasgriff und Schaltung wird erschwert, aber das Cockpit ist frei von Motorteilen. Und niemand fällt beim Kerzenwechsel über Bord.

Ähnlich verhält es sich mit den Viertaktmotoren bis 10 PS. Vom Gewicht her sind diese laufruhigen Motoren nicht für jeden Bootstyp akzeptabel. Damit entstehen unter Umständen hecklastige Seekreuzer und das wäre wohl eine Fehlinvstition.
Weitgehend unempfindlich sind alle Viertaktmotoren gegen Verölen der Zündkerzen. Es ist der Grund, weshalb immer mehr Segler zu diesem Motortyp tendieren. Leider gibt es weder von Honda noch von Yamaha einen höher untersetzten Viertaktmotor der 6 PS-Klasse. Der Propeller dreht also zu schnell, was Verbrauch und Vortrieb ungünstig beeinflussen.

Wind aus dem Zylinder

Der mit einem Außenborder erzeugte Wind-Ersatz eignet sich durch sein relativ geringes Gewicht gut für Segelyachten bis etwa zwei Tonnen Gesamtgewicht. Wenn es Probleme mit diesem Antrieb gibt, liegen die Gründe meistens an folgenden Faktoren:

- Spritzwasser-Empfindlichkeit
- Startprobleme
- Motor-Überhitzung
- Getriebe- oder Motorschäden

Zu tief im Wasser

Kleine Segelyachten sind mit einem niedrigen Heck gebaut. Zwangsläufig hängt der Außenborder verhältnismäßig tief im Wasser. Im Gewell taucht er mehr oder weniger tief ins Wasser: Zündung und Vergaser setzen aus. Das Boot kann jetzt antriebslos vor einer hindernisreichen Hafeneinfahrt treiben. Manche Motoren sind wasserdichter als andere. Mehr darüber in Kapitel 20. Mit einer praxisgerechten Ausrüstung und guter Seemannschaft ließe sich diese Gefahr vermeiden.

Stützsegel lassen

Jedes Segelboot bewegt sich ohne die stützende Wirkung des Großsegels nervöser. Viele Motoraussetzer treten nur deshalb auf, weil sich die kleine Segelyacht ohne stützende Wirkung dieses Segels vehement von einer Seite zur anderen legt. Das kann besonders in den Kreuzseen eintreten, die sich oft vor den windexponierten Hafeneinfahrten bilden.
Deshalb empfiehlt es sich, schon eine halbe Seemeile vor dem Hafen den Motor zu starten – auch Innenbord-Maschinen – , denn ein betriebswarmer Motor ist leistungsfähiger und gegen Spritzwasser resistenter. Ohne Hektik wird das Vorsegel geborgen und mit gesetzem Großegel in den Vorhafen eingelaufen. Der Außenborder schiebt mit Halbgas ordentlich mit. Erst nach der Hafeneinfahrt wird im ruhigen Wasser des Vorhafens das Großsegel ebenfalls weggenommen. Belegleinen und Fender sind klarzumachen und man verholt zum passenden Steg mit dem Außenborder.

Langschaft-Motoren

Durch seine elektrische Anlage ist nun einmal jeder Benzinmotor feuchtigkeitsempfindlich. Langschaftmotoren sind da etwas unempfindlicher. Die 20 Zentimeter mehr Freiraum zur See erscheinen manchem Beobachter als völlig unerheblich. Tatsächlich aber bedeutet ein Langschaftmotor bei fast allen Segelyachten einen echten Sichereitsgewinn: Der Propeller hängt tiefer und ist damit bedeutend wirkungsvoller.Bei langsamer Rückwärtsfahrt schwappt die Heckwelle weniger hoch als mit dem Normalschaft. Wegen der geringeren Anfressungen (Kavitation) am Propeller werden der Motor und das Getriebe mehr geschont.

Sportliche, leichte Kielboote am Bodensee. Obwohl Zweitaktmotoren nicht lauter als Viertakter sein müssen, verwöhnt der kleine Honda-Viertakter (links) seinen Besitzer mit seinem tiefen Motorgeräusch. Einfache starre Motorhalterung. Die Kajütsegelyacht (rechts) bekam eine aufwendige, hochholbare Motorhalterung aus Edelstahlrohren. Mit einer Talje wird der Suzuki beim Segeln und am Steg aus dem Wasser geholt. Das schont den Motor und verbessert die Segeleigenschaften.

Doppelt genäht hält besser, dachte sich wohl dieser Bootsbesitzer an der Ostsee. Sein 2 Tonnen schwerer Seekreuzer ist mit einem 9 PS starken Innenbord-Dieselmotor und einem Yamaha 8 PS-Außenborder bestückt. Zu viel Aufwand für mehr Sicherheit?

Schubstarker 6 PS-Chrysler-Sailor-Außenborder. Leider wird dieser Motor nicht mehr gebaut. Einer der ganz wenigen stark untersetzten Motoren für schwere Kajütsegelboote mit großem Propeller und viel Schub auch bei Rückwärtsfahrt.

Allgemein gilt, daß der Propeller beim Segeln nicht mitlaufen sollte, zumal er ja auch die Geschwindigkeit reduziert. Läuft bei Außenborderbetrieb der Propeller bei Schräglage oder bei Wellengang kurzzeitig frei, dreht der Motor natürlich hoch. Um das zu vermeiden, ist die Hand am Gashebel nötig, Die Gefahr besteht auch, daß die Wasserpumpe kurzzeitig kein Kühlwasser ansaugen kann. Auch in diesen Fällen sind Langschaftmotoren im Vorteil.

Der Schachtmotor

Er galt lange Zeit als beste Alternative zum Innenbordmotor. Die Empfindlichkeit gegen Schlagwasser ist viel geringer und das gesamte Handling angenehmer. Bei einem Schachtmotor – auch dieser Grund zählt – fällt niemand über Bord, wenn Benzin nachgefüllt werden muss.
Unter dem Sicherheitsaspekt gesehen, eignen sich Schachtmotoren auf windexponierten Küstengewässern weit besser als die frei »im Raum«hängenden Außenborder. Deshalb sind viele französische und englische Seekreuzer mit einem Schachtmotor ausgerüstet. Wegen der geringeren Geräuschentwicklung eignen sich Viertakt-Außenbordmotoren besonders gut als Schachtmotor.

Nachteile

Problematisch ist die oft zu geringe Luftzufuhr im geschlossenen Schacht. Der Motor kann leicht überhitzen und die Leistung sinkt spürbar ab, wenn es an der nötigen Verbrennungsluft fehlt. Im Langzeitbetrieb wurde eine überdurchschnittlich hohe Korrosions-Anfälligkeit festgestellt.

Der 4 PS-Evinrude-Außenborder am Heckkorb wird von diesem italienischen Segler sowohl am Schlauchboot wie auch als Schachtmotor im Segelboot benutzt. Keine optimale Lösung bei Schwerwetter. Besser wäre ein 8 PS starker Schachtmotor und ein etwa 3 PS leistender Flautenschieber für das Beiboot.

Spritzwasser verteilt sich im Schacht von unten her. Von oben her liefert der Nebenauspuff eine aggressive Mischung aus Seewasser und Auspuffdämpfen. Schließlich mindert der ständig ins Wasser ragende Propeller die Fahrtgeschwindigkeit beim Segeln und die beim Segeln mitlaufende Schraube ist der Gefahr von Kavitation ausgesetzt. Das Blockieren über das Getriebe ist nicht zu empfehlen. Nicht bei jeder Heck-Konstruktion lässt sich der Motor hochziehen.

Nachteile sind zu beheben

Die meisten dieser negativen Erscheinungen lassen sich technisch lösen. Schwallwasser von unten kann mit einer passenden Gummilippe wirkungsvoll reduziert werden. Die Atemnot des Motors lässt sich mit halb geöffnetem Schachtdeckel oder einem wegnehmbaren Steckschott beheben. Auspuffdämpfe und Spritzwasser aus dem Nebenauspuff sind nur bei einigen Motorentypen konstruktiv nicht zu vermeiden.

Die erhöhte Korrosionsgefahr wird durch diese Maßnahmen reduziert. Bei ordentlicher Pflege arbeitet der Schachtmotor mindestens ebenso zuverlässig wie bei der üblichen Außenborder-Anordnung.
Bei Schachtmotoren sind Fernbedienung und Tank gut »aufgeräumt«. Und schließlich verleiht eine Schachtmotor-Anlage einer kleineren Yacht ein gefälligeres Aussehen.

Abschleppen mit dem Beiboot

Für den Fall des Versagens des Innenbordmotors bei einer Segelyacht ist das Beiboot – auch als Schlauchboot – mit dem kleinen Außenborder nützlich. Ein etwa 10 to schwere Motor- oder Segelyacht lässt sich mit einem 4 PS starken Außenborder bei wenig Wind mit etwa 2–3 Knoten Fahrt schleppen.
Wichtig: Die schwere Yacht darf nicht achteraus geschleppt werden. Das Beiboot würde sich bei Vollgas aufbäumen oder sich sogar nach hinten überschlagen. Profis drehen es um und schleppen mit diesem in Rückwartsfahrt ab. Kursstabile Kielyachten lassen sich am besten mit einem parallel festgemachten Beiboot schleppen. Mit einer Vor- und Achterspring werden Zug- und Druckmomente ausgeglichen. Ab etwa 1 Knoten Fahrt wirkt das Ruder der Yacht und stabilisiert den »Flottenverband«.

Eiserne Reserve

Wenn das Stichwort Werkzeug fällt, bekommen sonst durchaus intelligente Frauen und Männer schmerzliche Züge ins Gesicht. Diese armen Menschen wissen meistens nicht, daß sie nur vor einer rein psychologischen Blockade kapitulieren.
So ist es im trauten Heim oder beim Fahrrad oder Auto und so ist es auch beim gewiss nicht komplizierten und leicht durchschaubaren Außenbordmotor. Unser Rat: Respekt vor der Technik behalten, dennoch vorsichtig probieren. Ratgeber lesen, zu denen auch die Betriebsanleitung für den Motor zählt. Und dieses Buch.

Die »Werksliteratur«

Ein besonders wichtiges »Werkzeug« ist die Ersatzteilliste für den Motor, ebenso ein Werkstatthandbuch und das aktuelle Verzeichnis der Service-Stationen.
Mit diesen Listen und dem leider oft »geheim gehaltenen« Werkstatthandbuch spiegelt sich auch die Geschäftspolitik der Motorenfirmen. So unterstützten bei den Vorarbeiten zu diesem Buch Volvo, Mercury, Johnson/Evinrude und Honda mit dem bestmöglichen Service-Unterlagen und Werkstatthandbüchern. Yamaha und Suzuki hingegen lieferten lediglich schöne Broschüren und Fotos. Bei Tomos, Selva und British Seagull herrschte in dieser Beziehung Funkstille.
Der Kaufinteressent und Kunde kann daraus gewisse Schlußfolgerungen ableiten. Bei dem erstgenannten Firmenkreis besteht starkes Interesse an einer möglichst engen Bindung zwischen dem Kunden und dem Hersteller. Auf Langfahrten ist dieser gewiss nicht immer ganz einfache Service Gold wert. Man versuche nur einmal neue Vergaserdüsen von einem Selva-Motor an der spanischen Mittelmeerküste zu erhalten. Auf dem Rhein hingegen fahren einige hundert zufriedene Skipper mit den erwiesenermaßen leistungsstarken und zuverlässigen Selva-Motoren. So finden sich am Rhein einige starke Service-Vertretungen der italienischen Marke und das zahlt sich dort für beide Seiten aus.
Daß Volvo gegen stärkste Konkurrenz die japanischen Tohatsu-Außenborder europaweit zum Durchbruch verhelfen konnte, liegt am starken Service der Volvo-Gruppe. Eine Konkurrenz-Situation liegt nicht vor, da Volvo selbst kein Außenborder-Programm unterhält. Auf dem spanischen Markt sind die robusten Tohatsu-Außenborder die Nr.1. In Frankreich ist man hinter Yamaha knapp die Nr. 2 und auch hier steigt der Marktanteil kontinuierlich an.
Von Mercury ist der Käufer wohl selten enttäuscht worden. Die schwarzen Motoren zählen, technische gesehen, zur ersten Klasse. Dafür sind die Ersatzteilpreise oft etwas höher als bei der Konkurrenz. Andererseits ist die Betreuung und Ersatzteil-Beschaffung nach unseren Informationen vorbildlich.
Von Johnson/Evinrude war hinsichtlich der Kundenbetreuung nichts Negatives zu hören. Der weltweite Marktführer ist an einer starken Produktbindung interessiert und fördert das Know how seiner Kundschaft durch sehr informative Werkstatthandbücher.
Yamaha und Suzuki stellen hervorragende Motoren her. Bei Yamaha gilt die Ersatzteilversorgung als die beste der Branche. Die zögerliche Haltung, Werkstatthandbücher zur Verfügung zu stellen, dürfte wohl ein Überbleibsel aus den alten Zeiten sein, als japanische Hersteller mit entsprechenden Veröffentlichungen in der Fachpresse Ideendiebstahl befürchteten.
Hondas Öffentlichkeitsarbeit hat angenehm überrascht. Daß sich die schadstoffarmen Honda-Viertaktmotoren – langfristig gesehen – einen starken Markanteil erobern können,

dürfte wohl jedem umweltbewussten Skipper klar sein. Groß ist die Verbreitung von Honda-Außenbordmotoren in den USA. Am Mittelmeer wird um jeden Kunden gekämpft. Segel- und Motorboot-Schulen setzen in Deutschland, wie schon erwähnt, vermehrt auf die leisen, leerlaufruhigen Viertakt-Motoren.

Welche Werkstatt ist die Beste?

Jeder Motor ist bekanntlich nur so gut wie sein Service. Die Entscheidung für den passenden Motor sollte deshalb in erster Linie am Service orientiert sein. Nur wenige in Frage kommende Auto-Händler geben sich mit Motorrädern oder Außenbordmotoren die gleiche Mühe, wie mit der Autofahrer-Kundschaft.
So kann man bei einem großen Auto-Stützpunkt in einem repräsentativen Verkaufsraum schmucke Aussenborder präsentiert bekommen – aber wie sieht es in dieser Beziehung in der Werkstatt aus? Fristet dort der Außenborder ein kümmerliches Dasein? Verkauft der Autohändler nur die Motoren und lässt die Reperaturen anderswo gegen gutes Geld ausführen? Alles schon erlebt.
Als künftiger Außenborder-Kunde sollte msn sich die Motorenwerkstatt samt Ersatzteillager zeigen lassen. Und ein Gespräch mit dem Werkstattchef ist allemal informativer als mit dem Verkäufer.

Der Werkstatt-Standort

Die ideale Motorenwerkstätte liegt natürlich direkt am Wasser, vielleicht sogar mit eigenen Stegplätzen. Sie führt nur ein Motorenprogramm und zwar von einer renommierten Firma mit immer komplett gehaltenem Ersatzteillager. Der Meister nimmt sich auch am Wochende für den Kunden Zeit und probiert auch mal einige Propeller ohne Murren aus. Schließlich sind die Reparaturpreise stets knapp kalkuliert.
Diese Motoren-Werkstätte wird es nach unseren rund 30jährigen Erfahrungen nicht oder nicht mehr geben. Noch in den 70er Jahren ließen sich solche Werkstätten finden. Aber die Zeiten haben auch hier vieles geändert und viele Wassersportler nutzten die Loyalität der Mechaniker übel aus.
Fragen Sie Ihren Stegnachbar nach seiner Werkstätte. Nicht die Größe ist entscheidend, sondern das Fachwissen und eine gewisse Begeisterung für den Wassersport. Wer selbst nicht auf dem Wasser fährt, wird sich die Probleme des Kunden nicht immer richtig vorstellen können.

Ersatzteil-Fragen

Die Weisheit ist nicht ganz neu: Der Mensch lernt nur durch seine ganz persönlichen Erfahrungen. So wird es auch immer Theorie bleiben, eine wirklich astreine Bord-Ersatzteile-Liste mit dem passenden Werkzeugsatz aufzustellen. Eine zweimonatige Küstenfahrt entlang der marokkanischen Küste verlangt beispielsweise weit umfangreichere Ersatzteilpakete, als ein Familientörn rund um den Bodensee. »No Risk, no Fun!« So meinen die Amerikaner.
Eine rund 1500 Seemeilen lange Nordafrika-Fahrt mit täglich etwa drei Betriebsstunden wurde von einem der beiden Autoren übrigens ohne den kleinsten Motordefekt mit einem

Vorbild. Eine helle, gut durchlüftete Werkstatt mit dieser stabilen Motorhalterung. Es erleichtert Lagerung und Arbeiten an den oft komplizierten Motoren.

Ersatzteilbestellung von Motorteilen mit EDV und BTX gehört heute zum Standard jeder besseren Autowerkstatt. Der Bootsmotorenhandel hat da seine Probleme, weil die Produktpalette größer ist und oft nicht nur eine, sondern drei und mehr verschiedene Hersteller vertreten werden. Ersatzteilbestellung wie hier per Computer verkürzt die Reparaturzeiten.

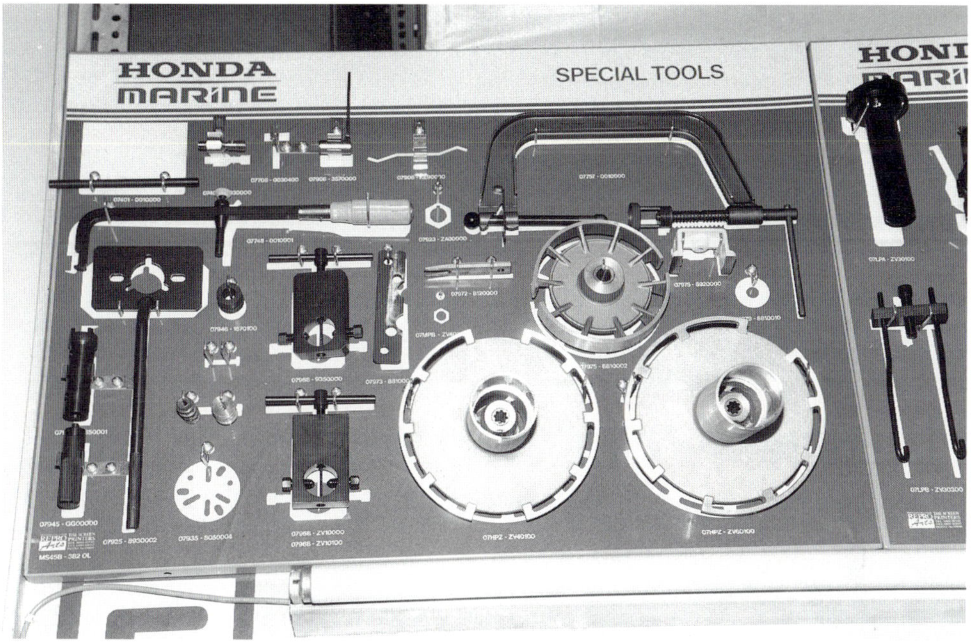

Leistungsfähige Werkstätten verfügen über das nötige Spezialwerkzeug. Als Kunde sollte man deshalb vor dem Motorenkauf die Werkstatt besichtigen und mit dem Werkstattmeister sprechen.

6 PS-Mercury-Außenbordmotor absolviert, obwohl die schlimmsten Ereignisse vorausgesagt wurden.
Zum Thema Ersatzteile lassen sich die meisten Skipper in zwei Gruppen einteilen. Die einen führen zu wenig Werkszeug und Ersatzteile mit und die andere Gruppe stopft das Boot mit einer Menge nützlicher aber auch weniger sinnvoller Teile und Zubehör voll. Der erwähnte »Nordafrika- Fahrer« gehört zur letztgenannten Gruppe. In der Mitte liegt wohl ein vernünftiger Kompromiß aus mehr oder weniger notwendigem und schwerem und damit fahrminderndem »Ballast«.

Notwendige Teile

Bei jeder Fahrt sollte für den Außenborder-Käpt'n unbedingt an Bord sein:

- drei Scherstifte
- Propeller-Endmutter
- drei Splinte dafür
- Notstart-Leine
- Getriebeöl-Ablaßschraube mit Dichtungen
- Benzinpumpenmembran-Dichtungssatz
- Zündkabel
- Zündkerzensatz und Schlüssel
- Kontaktspray
- Tube Außenborderfett
- Tube Getriebeöl
- Zweitakter-Öl

Der Umfang des Bordwerkzeugs richtet sich nach den eigenen Fähigkeiten und dem Motorentyp. Amerikanische Motoren sind nach SAE-Norm gebaut. Fragen Sie den Händler nach den wichtigsten Schlüssel-Typen wie z. B. Ring-/Gabel-/Innensechskant- oder gekröpfte Schlüssel. Aus Gründen der Sicherheit sollte man nur allerbestes Werkzeug kaufen und mit WD 40-Korrosionsschutzspray behandeln. Empfehlenswert: Alles in luftdicht schließende Kunstoffbox verpacken.
Für Notreparaturen benötigt man Schlauchstücke der passenden Größe, sowie Übergangsstücke aus Kupferrohr und benzinfestem Kunststoff (Campingbedarf). Mit Schlauchschellen und Kabelbindern lassen sich damit provisorische Reparaturen an der Benzinversorgung durchführen.
Für Elektroarbeiten sind 1 bis 1.5 mm starker Kupferdraht, bestes Isolierband und Kabelverbinder nötig. Schrumpfschläche und etwas Neopren-Isolations-Spray versiegeln die Reparaturstellen wasserdicht.

Was und wie reparieren?

Auf kompaktem Raum und natürlich wasserdicht sind die Teile eines Außenbordmotors zusammengebaut. Da ist mehr Feinarbeit erforderlich als bei so manchem Auto-Motor. Nicht ohne Grund wird daher jeder an Außenbordmotoren tätige Mechaniker auf jeden neuen Motortyp geschult.
Selbst mit den besten Vorsätzen kann man jedes Gerät und auch Außenborder kaputtreparieren. Letzteres gilt besonders für Außenborder höherer Leistung. Deshalb sollte man sich auch nach der Garantiezeit bei bestimmten Wartungsarbeiten oder Eigenreperaturen etwas zurückhalten. Genannt seien dabei folgende Bereiche.

- Vergaser und Einspritzanlage , Einstellungen verändern
- Elektronikteile ausbauen, Versuche ausführen
- Schwungscheibe demontieren
- Übertragungsgelenke für Getriebe und Lenkung aus- und einbauen
- Getriebe-Unterwasserteil öffnen
- Motorblock öffnen z. B. zwecks Kolbenring-Kontrolle

Umfangreiches Spezialwerkzeug und Elektronik-Kenntnisse – bedauerlicherweise für so manchen Selbsthelfer – sind für die modernen Motoren der 90 bis 225 PS-Klasse nötig.
Ein Beispiel für den High Tech-Motorenbau: Bei niedrigen Drehzahlen zündet die elektronisch geregelte Schubabschaltung bei einem Vier- oder Sechs-Zylindermotor nur zwei bzw. drei Zylinder. Erst bei höheren Drehzahlen werden die restlichen Zylinder zugeschaltet.
Mit der elektronischen Schubabschaltung werden immerhin etwa 35% Kraftstoff unter normalen Fahrbedingungen eingespart. Möchten Sie ihren rund 18000 DM teuren Motor durch ein paar falsche Handgriffe möglicherweise ruinieren?
Motoren wie diese erfordern ein enormes Fachwissen und teure Messeinrichtungen. Manche altgediente Markenhändler schicken die technisch komplizierten Motoren an Spezialwerkstätten mit entsprechender fachlicher und technischer Ausrüstung. Der Kunde und Auftraggeber erfährt davon nichts. Deshalb Finger weg von den oben angeführten Motorteilen.

Verletzungsgefahr

Die meisten Bootsmechaniker arbeiten jahrelang ohne arbeitsbedingte Verletzungen. Aber auch wer »zwei linke Hände« hat, kann dennoch mit einigem Erfolg Service-Arbeiten durchführen, sofern auf das passende Werkzeug, aber auch auf gewisse Sicherheitsvorkehrungen geachtet werden. Als Arbeitsplatz kann zum Beispiel die Garage dienen. Dort ist, wie in allen entsprechenden weitgehend geschlossenen Räumen der Feuer- und Explosionsschutz zu beachten (nächstes Kapitel). Verletzungsgefahr droht bei Umständen wie diesen:

- Falsche oder nicht passende Schraubenschlüssel (Abgleitgefahr)
- Öliges Werkzeug, das durchrutscht (z. B. Nüsse)
- Schlechte Lichtverhältnisse, ungenügende Durchlüftung, Übermüdung
- Schleifarbeiten ohne Schutzbrille und Arbeitshandschuhe oder zu langes Haar ohne Schutzband

Grundwerkzeug

Wer selber Hand anlegen will, sollte beispielsweise wissen, ob er es mit metrischen Schrauben und Muttern zu tun hat (für Millimeter-Schlüsselweiten) oder mit solchen mit Zollweiten, wie etwa bei amerikanischen oder manchen britischen Motoren.
An Werkzeug sollte mindestens vorhanden sein:

- Schraubendrehersatz. Die Klinge muß jeweils exakt zum Schraubenschlitz passen
- Kreuzschlitz-Schraubendrehersatz
- Zangensatz, feststellbare Gripzangen sind besonders wichtig
- Gabelschlüsselsatz passend für Außenborder-Typ.
- Amerikanisches SAE- oder deutsches DIN-Werkzeug
- Ringschlüsselsatz
- Steckschlüsselsatz
- Schlagschrauber zum Lösen von extrem festsitzenden Schrauben und Muttern
- Gummihammer, Metallhammer
- Zange zum Lösen von Sicherheitsringen
- Drehmomentschlüssel
- Fühlerlehre
- Schiebelehre
- Micrometer
- Multimeter-Testgerät
- Batteriesäure-Prüfer

Arbeitshilfen

Schrauben, Muttern oder Dichtungen sind unter Salzwasser-Bedingungen weit stärker beansprucht, als im normalen Fahrbetrieb eines Autos. Deshalb sind korrosionshemmende und vibrationsfeste Mittel erforderlich. Beispiele:
Das bekannte Loctite-Schraubensicherungsmittel. Lockn'Seal-2114 (Blau) wird auch in Deutschland verkauft. Das Mittel bildet eine zuverlässig feste aber noch lösbare Sicherung gegen die millionenfachen Vibrationen der Motoren. Die meisten Mechaniker verwenden Loctite auch in Verbindung mit selbsthemmenden Muttern oder Sicherungsringen.
Selbsthemmende Muttern sollten nach jedem Öffnen ausgetauscht werden, aber diese Kosten nehmen wohl nur Rennfahrer in Kauf. Loctite ist sparsam einzusetzen, sonst kleben Dichtungen oder Alu-Teile fast nicht mehr lösbar aneinander. Vor dem Auftragen sind Muttern- und Schraubengewinde von Fett und Korrosionspartikeln zu säubern.
Korrodierte oder verlorenen Schrauben und Muttern sollten möglichst mit Originalteilen ersetzt werden. Jeder Hersteller verwendet seine eigenen Metall-Legierungen und andere

Härtegrade. Für Notreparaturen ohne die entsprechenden Original-Schrauben und -Muttern ist Loctite besonders hilfreich, weil es Zwischenräume von Schraube und Mutter ausfüllt.
Das Auswechseln von Dichtungen ist zwar eine leichte Übung. Dennoch kann vieles falsch gemacht werden. Manche Dichtungen müssen mit einem, andere ohne ein zusätzliches Dichtungsmittel eingesetzt werden. Manche Dichtungen quellen in Verbindung mit Öl auf und bilden dann die passende Dichtung. Am Getriebe werden diese Dichtungen verwendet.
Wird ein solcher Dichtungstyp zusätzlich mit einer Dichtungspaste wie Curil bestrichen, verhindert die Paste das erforderliche Aufquellen der Dichtung. Daraus entstehen Öllecks, die Salzwasser ins Getriebe eindringen lassen.
Festkorrodierte Schrauben und Muttern sind ein ständiges Problem bei älteren Motoren. Sprühöl wie Caramba oder WD 40 hilft. Einsprühen, 15 Minuten einwirken lassen, auf Schrauben mit Hammer leicht klopfen, nochmals einsprühen und einwirken lassen.
Wenn das Einsprühen nichts hilft, nützt vielleicht ein Schlagschrauber. Schrauben oder Muttern sind nach dieser rauhen Behandlung Schrott. Abgerissene Schrauben stellen ein leidiges Problem bei älteren Motoren dar. Dann hilft nur noch Ausbohren mit dem Schrauben-Entferner.

Alle Achtung

Vertrauen Sie auch nicht dem besten Horoskop, wenn Sie ein Wasserfahrzeug mit Benzin betanken. Denken Sie besser an die bösen Erfahrungen anderer bei dieser Gelegenheit. Gedankenlosigkeit und Leichtsinn rächen sich schnell. Bleiben wir aber erst einmal mit diesem Thema an Land.

Vorbeugung an Land

Wird in geschlossenen Räumen repariert, sollte zur Abwendung von Feuer- und Explosionsgefahr beachtet werden:

- Benzin nie als Reinigungsmittel verwenden
- Am Arbeitsplatz nicht rauchen, wenn irgendwelche Reinigungsmittel benutzt werden
- Beim Aufladen von Batterien entwickeln sich explosive Gase, daher

Feuer- und Funkenbildung vermeiden, Rauchen unterlassen, Feuerlöscher und Feuerschutzdecken in Reichweite bereit halten

Knalleffekt nach dem Betanken: Rechts versinkt ein Boot in der Seine, in der Flußmitte treibt brennend ein zweites Boot. Statistisch gesehen verunglücken mehr Wassersportler durch Brände und Explosionen als mit einem sinkenden Boot. Die Brandgefahr ist auf Yachten mit Benzinmotor größer gegenüber allen anderen Seenotfällen wie Kollision oder Untergang.

Nur sehr wenige Marinas sind am Mittelmeer mit einer funktionellen Löscheinrichtung auf jedem Steg ausgerüstet. Auf zwei Werftanlagen an der Ostsee verbrannten in den letzten Jahren fast 100 Yachten unter bislang noch nicht ganz geklärten Ursachen.

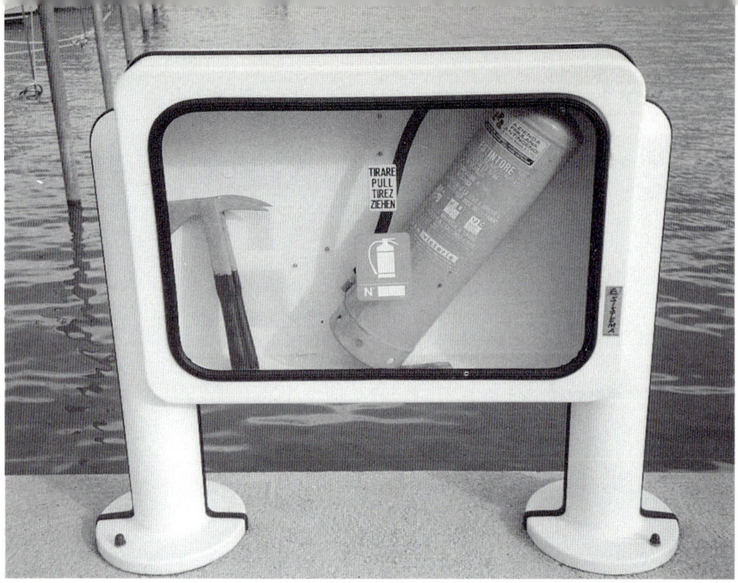

Gefahr auf dem Wasser

Zu diesem wahrhaft heißen Thema passt folgende Story:
Der Ort: Shepard Marina Gibraltar. Vor nicht langer Zeit befüllt ein Tankwart den eingebauten Benzintank in einem gelb-schwarzen Offshore-Motorboot. Zwei 150 PS starke Außenbordmotoren zieren das Heck dieses attraktiven Renners. Der spanische Skipper, vorn sitzend, raucht eine Zigarette und schaut gelangweilt zu unserer Segelyacht herüber. Durch die Wellenbewegung eines Fischkutters schwappt am nun randvollen Tank Benzin in die Plicht. Ein dumpfer Schlag erschüttert die von Bergen umgebene Marina. Ein Schatten fliegt durch die Luft, noch eine Explosion folgt mit einem gewaltigem Feuerball.
Lichterloh brennt das teure Sportboot. Nur wenige Meter entfernt liegen 300 Fahrtenyachten und der Wind treibt das brennende Boot auf die Steganlage zu.
Im Wasser schreit der schwerverletzte spanische Skipper und an Land wälzt sich der Tankwart auf dem Bretterboden, um das Feuer der brennenden Kleider zu ersticken.
Die schnell reagierende Hafenpolizei zieht mit ihrem Boot das brennende Wrack gegen den Wind mit einem langen Enterhaken zum Hafenbecken hinaus. Zwei schwerverletzte Menschen werden in kürzester Zeit mit dem Rettungswagen ins Krankenhaus gebracht.
Kein Einzelfall. Am Bodensee stirbt ein Motorbootfahrer beim Tanken in einer Marina. Benzindunst hatte sich im Schiff angesammelt. Es entflammte beim Starten des Motors. Mangelnde Sorgfalt ließ 1992 am Bodensee 2 Motorboote beim Betanken in Flammen aufgehen.
Am Rhein ermittelt die Koblenzer Wasserschutz-Polizei wegen ungenügender Sicherheits-Vorkehrungen beim Betanken eines Sportbootes mit Todesfolge. Nach der Statistik der amerikanischen Coast Guard von 1991 starben sieben Motorbootfahrer im Staate Florida durch Feuerschäden an ihren Booten. Über die Schwerverletzten schweigt diese Statistik.

Benzin im Boot?

Niemals darf auslaufendes Benzin ins Boot gelangen. Bei hochgekipptem Außenbordmotor kann über den Vergaser Benzin in die Plicht fließen. Oft geschieht es ganz unbemerkt. Deshalb sollte vor dem Hochkippen des Motors die Benzinleitung abgezogen werden.
Kleine Beibootmotoren mit eingebautem vollem Falltank entleeren sich durch die Syphonwirkung über die Tankentlüftung oder den Vergaser. Der Absperrhahn muss beim Stillstand des Motor auf »Zu« bzw. »Off« gestellt werden. Bei jedem Motorboot sollte eine selbstlen-

zende Plicht eigentlich selbstverständlich sein. Bei allen neuen Kunststoff-Segelboote wird sie berücksichtigt.
Die gefährlichsten Situationen entstehen bei eingebautem großen Tank durch eine falsch verlegte Tankentlüftungsleitung. Ein bis an die Halskrause gefüllter Tank kann sich über das Entlüftungsrohr direkt ins Bootsinnere entleeren. Die Entlüftungsleitung muss außenbords enden. Aber auch hier ist Vorsicht angebracht. Schon kleinste austretende Kraftstoffmengen verunreinigen große Wasserflächen.

Eine Zeitbombe

Manche Tanks sind in einem geschlossenen Kasten eingebaut. Geringste Mengen freiwerdende Benzin sorgen für eine Anreicherung der Umgebungsluft. Schon ein knapp 1.5%-Benzin-Luft-Gemisch ist zündfähig. Der berühmte Molotov-Cocktail ist eine Knallerbse im Vergleich zu dieser potentiellen Bombe, die auf vielen älteren Wasserfahrzeugen ständig tickt.

Funkensicherer Ventilator

Jeder Tankraum muß deshalb mit einem explosionssicheren Ventilator bestückt sein. Dieser Ventilatoren-Typ erzeugt keinen Funken beim Betrieb. Das Benzin-Luft-Gemisch ist schwerer als Luft und sinkt wie Propangas an die tiefste Stelle des Tankkastens oder der Yacht ab. Bei Segelyachten mit einer tiefen Bilge sammelt sich hier in einem tiefen Sumpf eine ständig wachsende Mischung aus Benzin und vielleicht noch aus Propangas an, die irgendwann einmal mit einer gewaltigen Verpuffung oder Explosion zündet. Nur wenige trailerbare Segelyachten verfügen über die leider immer noch nicht vorgeschriebenen explosionssicheren Ventilatoren.
Zur Not hilft ein verlängerter Blasebalg, z. B. des Schlauchbootes, mit dem die Bilgeluft angesaugt und über den Bordrand ins Freie gepumpt wird.

Versicherung zahlt nicht

Noch ein Argument für eine sichere Tank-Installation. Die Kasko-Versicherung untersucht jeden Brandschaden besonders genau, weil nach Aussagen einer bekannten Hamburger Versicherung fast 60 Prozent dieser Schäden auf eine nicht fachgerechte Motor-Tank-Installation zurückzuführen sind. Die Versicherung bezahlt dann nicht bei entsprechenden Unfällen.
Eine Haftungsklage gegen die Werft oder den Bootshändler ist selten von Erfolg gekrönt, weil die meisten Bootsbesitzer am Boot herumgebastelt haben oder die Beweisführung schwierig und zeitraubend ist. Die Kosten für die Sachverständigen gehen grundsätzlich auf Lasten des Klägers.

Tankanlage begutachten lassen

Aber der Sachverständige einer Boots-Versicherung kann die ordnungsgemäße Installation der Kraftstoff-Anlage begutachten und im Vertrag vermerken. Dies gilt besonders bei gebrauchten Sportbooten. Die Liste der unabhängigen, vereidigten Bootsboot-Sachverständigen erfährt man über die Industrie- und Handelskammer oder durch Angehörige der Wasserschutzpolizei.

Schnittmuster

Außenbordmotoren gehören zu den kompaktesten und »leistungsdichtesten« Antriebseinheiten, die es überhaupt gibt. Über 150 verschiedene Motoren stehen je nach Verwendung, Leistung, Arbeitsverfahren oder Fabrikat zur Wahl. Auch der Kenner hat es schwer, durch die umfangreichen Listen der angebotenen Außenborder hindurchzufinden.

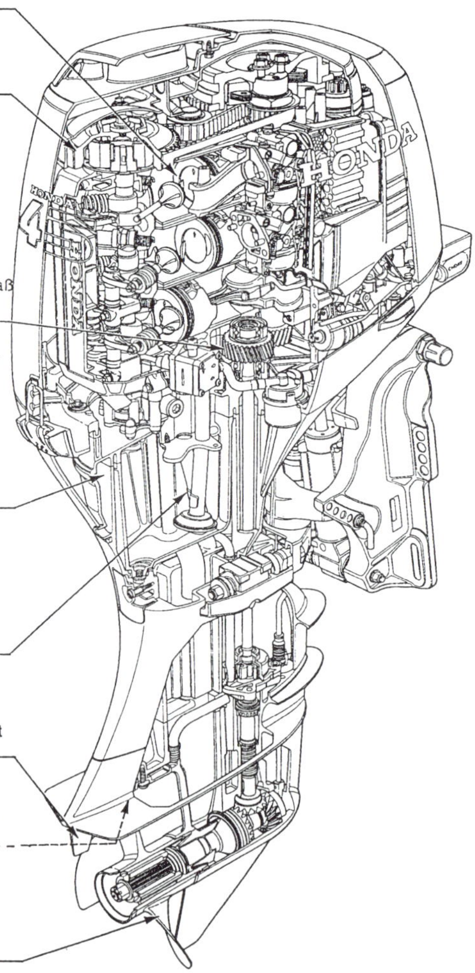

Der Schnitt durch diesen Honda-Viertakt-Außenbordmotor lässt seinen Aufbau und Teile des Ventiltriebs erkennen.

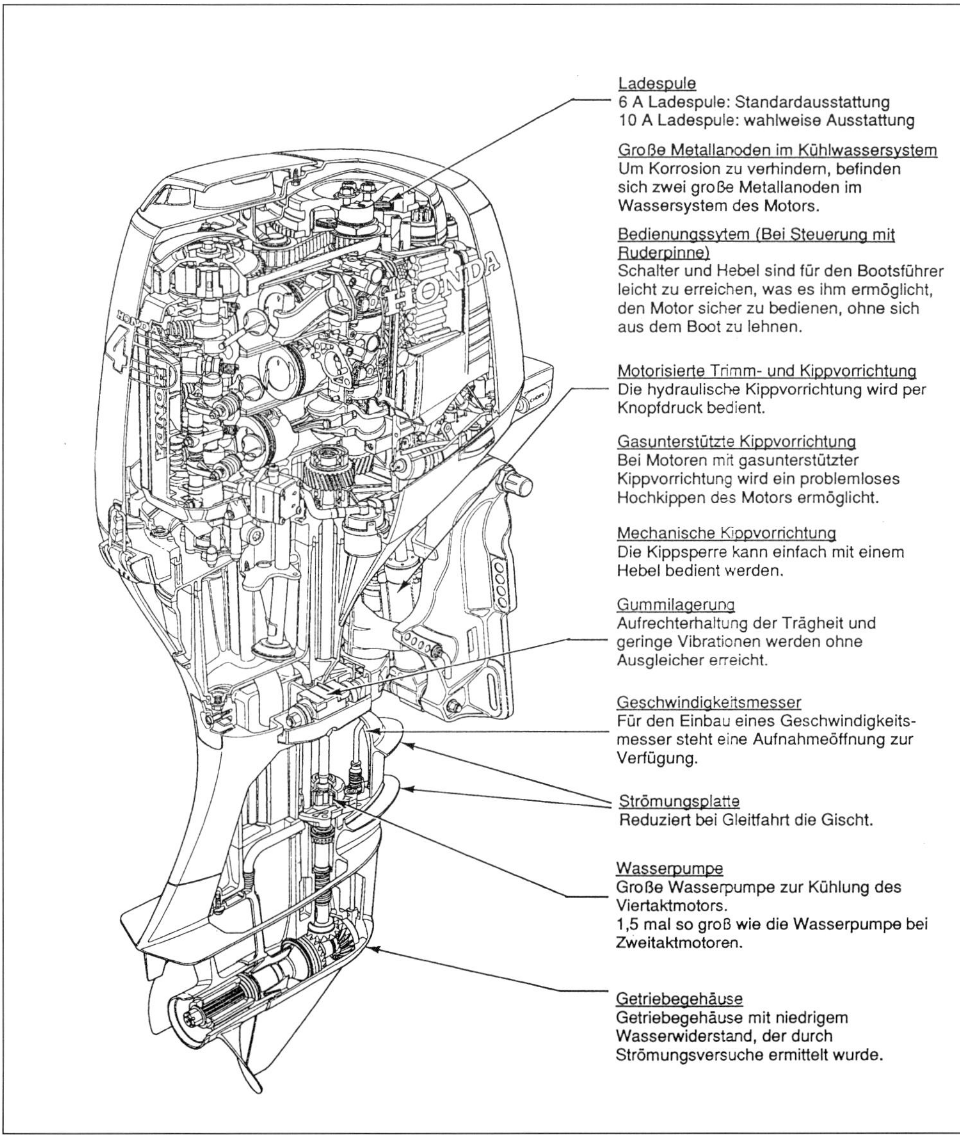

Der Honda-Viertakt-Motor mit der Sicht auf weitere Motorteile. Der Viertakter wird weiter an Bedeutung gewinnen.

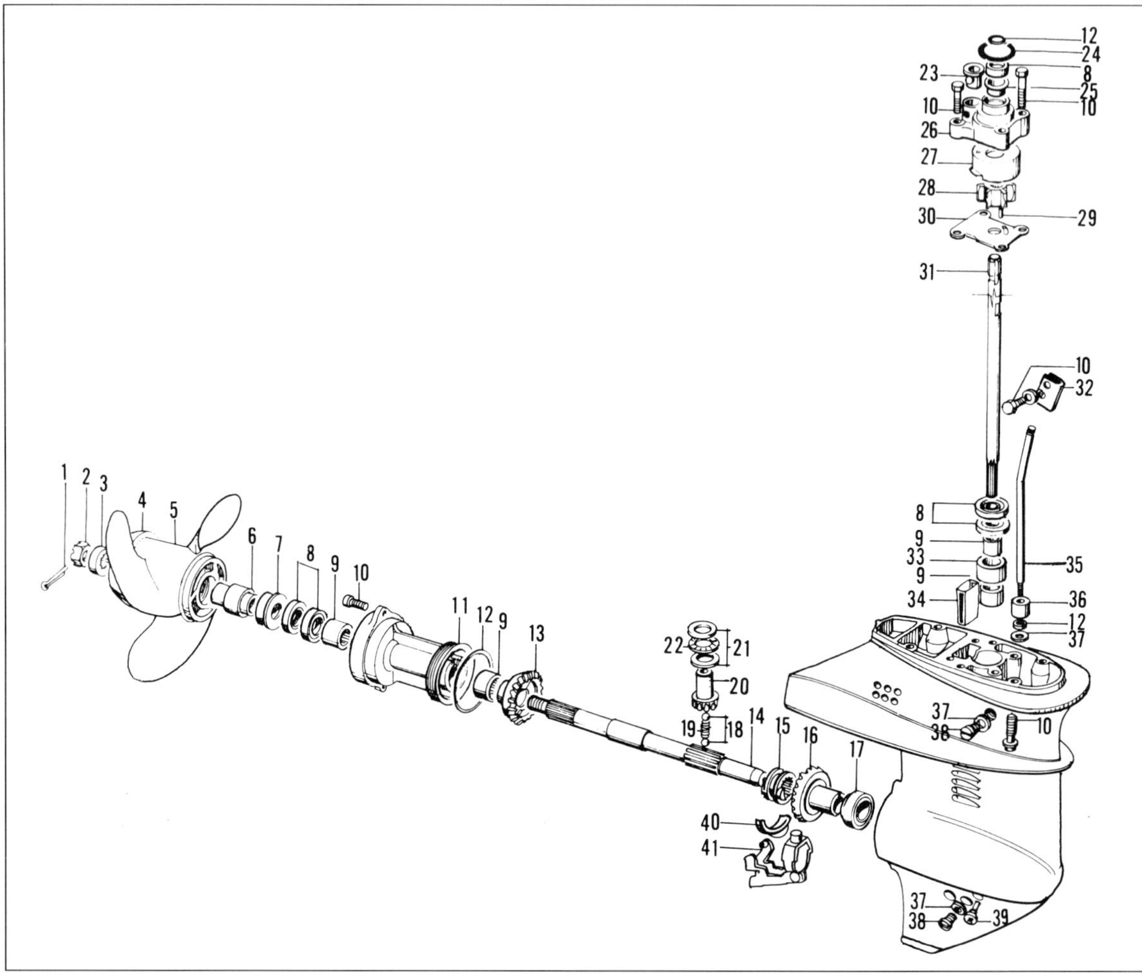

Die Teile für den Antrieb eines 9,9- und 15-PS-Außenbordmotors (OMC):

1 Sicherungsstift,
2 Kronenmutter,
3 Abweisring,
4 Propeller-Abschlußring,
5 Propeller,
6 Distanzscheibe,
7 Abweisring.
8 Dichtungsring,
9 Nadellager,
10 Schraube,
11 Gehäuselager,
12 O-Ring,
13 Rückwärtsgang,
14 Propellerwelle.
15 Kupplungsring,
16 Vorwärtsgang,
17 Lager dafür,
18 Arretierkugeln,
19 Feder dafür,
20 Ritzel,
21 Abweisringe,
22 Nadellager,
23 Wasserführung,
24 Impeller-Gehäuse-Dichtung,
25 Wasserrückhaltung,
26 Impellergehäuse,
27 Gehäuse für Wasserpumpen-Impeller,
28 Impeller,
29 Impeller-Mitnehmer,
30 Gehäuse-Abschlußplatte,
31 Antriebswelle,
32 Schalthebel-Verbinder,
33 Schalthebel-Lagerung,
34 Wassereinlass,
35 Schalthebel,
36 Schalthebel-Hülse,
37 Abweisring,
38 Getriebegehäuse-Schraube,
39 Fixierstift,
40 Kupplungssegment,
41 Gangschaltung-Fixierung.

Schnitt durch das Unterwasserteil eines Außenborders. Die Seewasserpumpe (oben auf der Antriebswelle) versorgt den Motor mit Kühlwasser. Der Kühlwassereinlaß (rechts) muss auch bei Krängung immer unter der Wasseroberfläche liegen. Das schwächste Teil bei jedem Außenborder ist das Getriebe (unten). Seewasser im Getriebeöl, so durch defekte Dichtungen, ruiniert bald die Teile.

Zweizylinder-Zweitaktmotor im Schnitt. Oben die Starteinrichtung. Darunter erkennt man die Kurbelwelle mit den beiden Kolben. Die Kraftübertragung führt nach unten zum Getriebeteil. Dieses Konstruktionsprinzip wurde von O. Evinrude vor gut 60 Jahren eingeführt und ist heute noch Standard bei allen Außenbordmotoren.

Defekter Motorblock eines Zweizylinder-Zweitakters der 10 PS- Klasse. Das Innere des Motors ist durch lange Standzeiten besonders gefährdet. So setzt sich Rost an den Kolbenringen an und der Motor blockiert mangels ausreichender Schmierung. Alle Außenborder-Motorblöcke bestehen aus Aluminiumguss. Auch kleinste Lackschäden sollten möglichst umgehend mit dem vorgeschriebenen Originallack ausgebessert werden, sonst blättert der Lack ab und das Aluminiumteil zerfällt durch Elektrolyse.

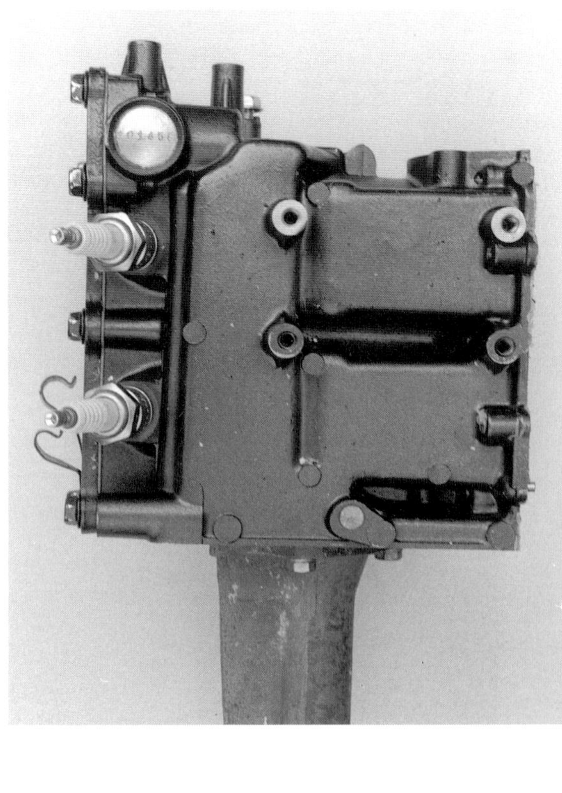

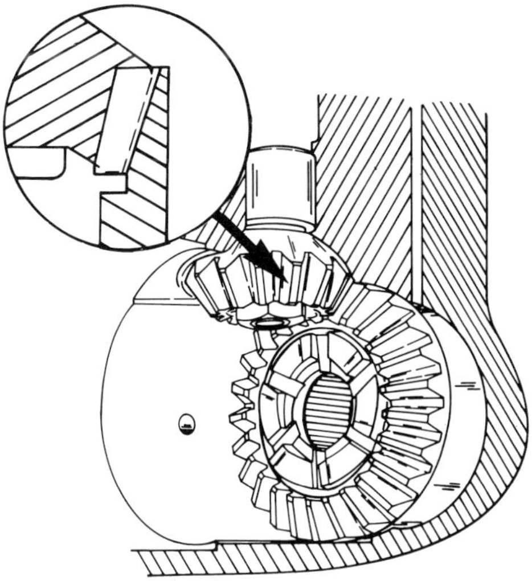

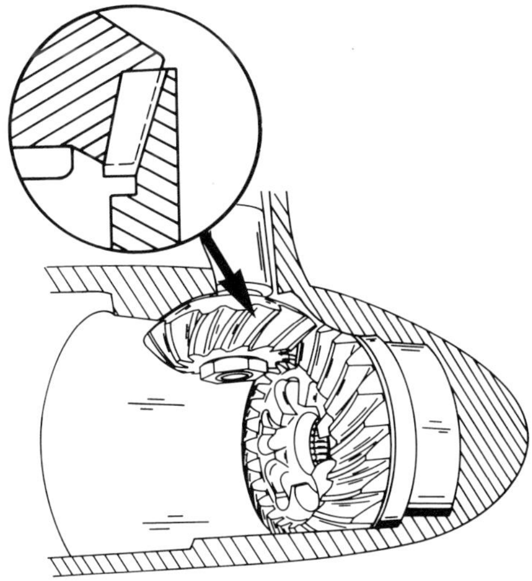

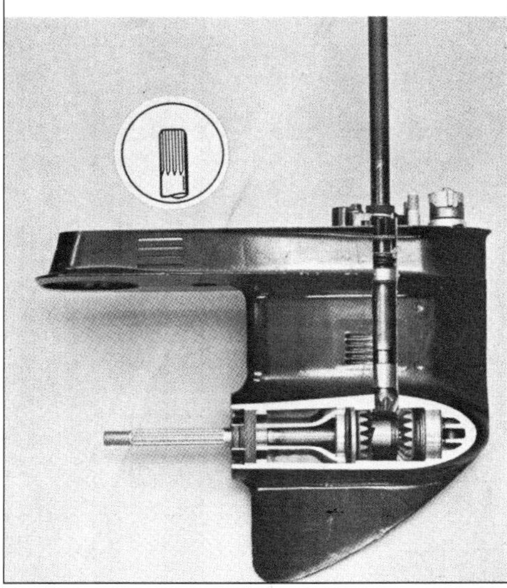

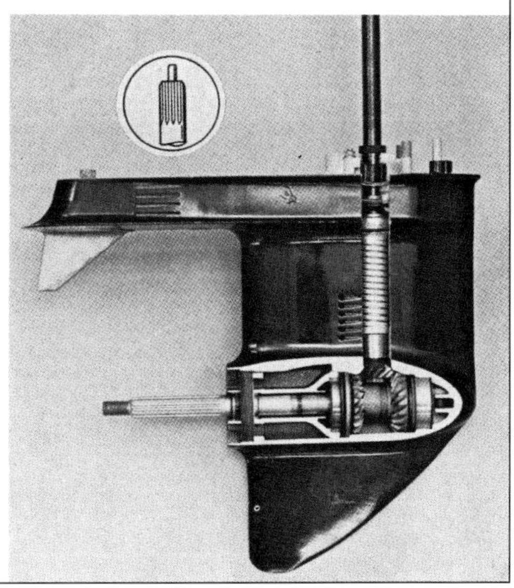

Getriebe-Reparaturen erfordern Spezialwerkzeug und Detailwissen, das nur über Schulungskurse von den Herstellern an die Vertragswerkstätten vermittelt wird. Die Zeichnungen oben lassen Verschleißspuren erkennen. Die Fotos unten zeigen links ein Standardgetriebe für ein 25 PS-Modell mit Antriebswelle und rechts ein Spezialgetriebe für einen 150 PS-Motor von Mercury.

Zwei Pferde aus dem gleichen Stall. Bewährte Motoren der 15 bis 20 PS-Klasse, die für ein 4-Personen-Sportboot üblich sind. Der 15 PS starke Zweizylinder-Mariner wiegt nur 32 kg bei einen Hubraum von 262 cm³. Er kostet mit Normalschaft etwa 5000 Mark. 5 PS mehr bedeutet beim Zweizylinder-Mercury ein Gewicht von 51 kg bei 400 cm³ Hubraum. Dieser schöne Motor kostet mit Normalschaft nur etwa 300 DM mehr als der Mariner in gleicher Ausstattung. Wenn das Mehrgewicht von 19 kg vernachlässigt werden kann, könnte der Mercury auf lange Sicht eine gute Wahl sein.

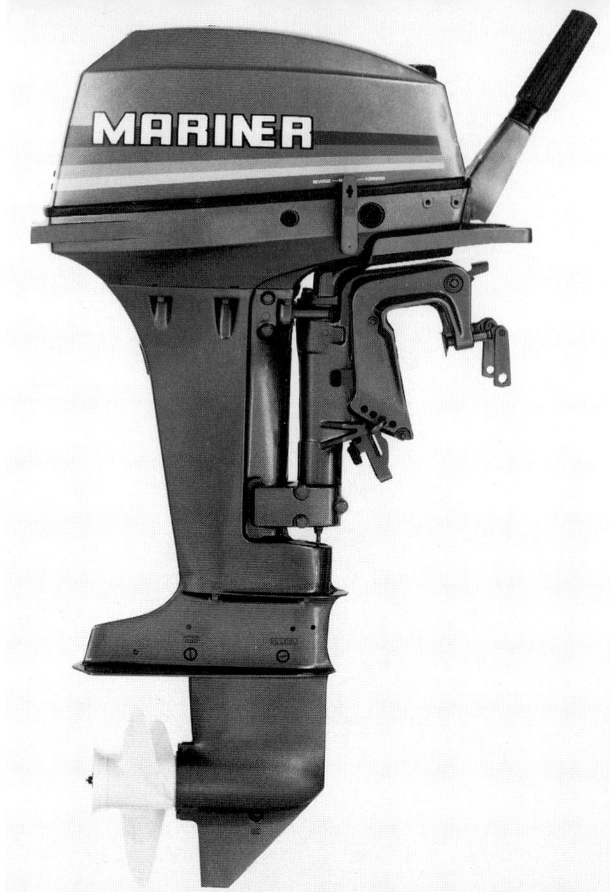

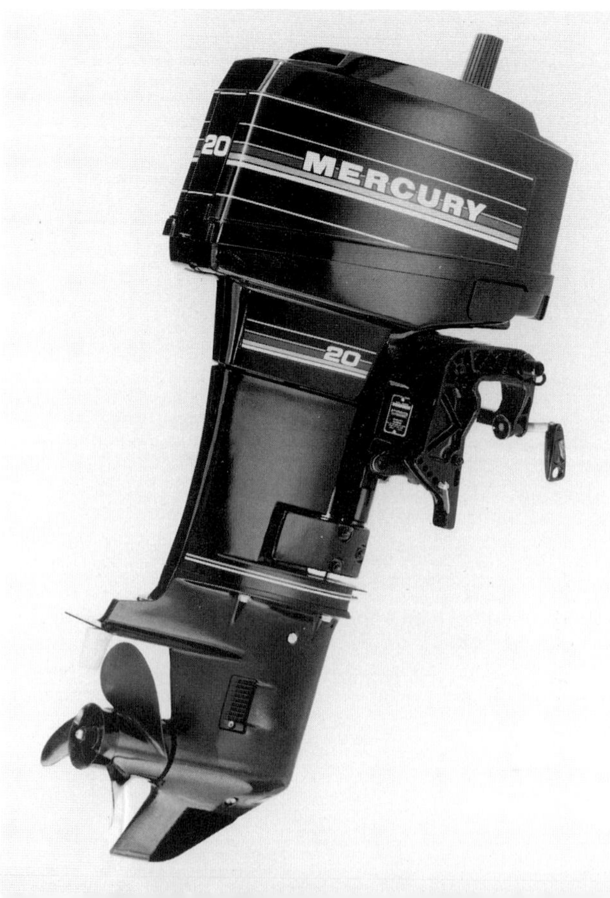

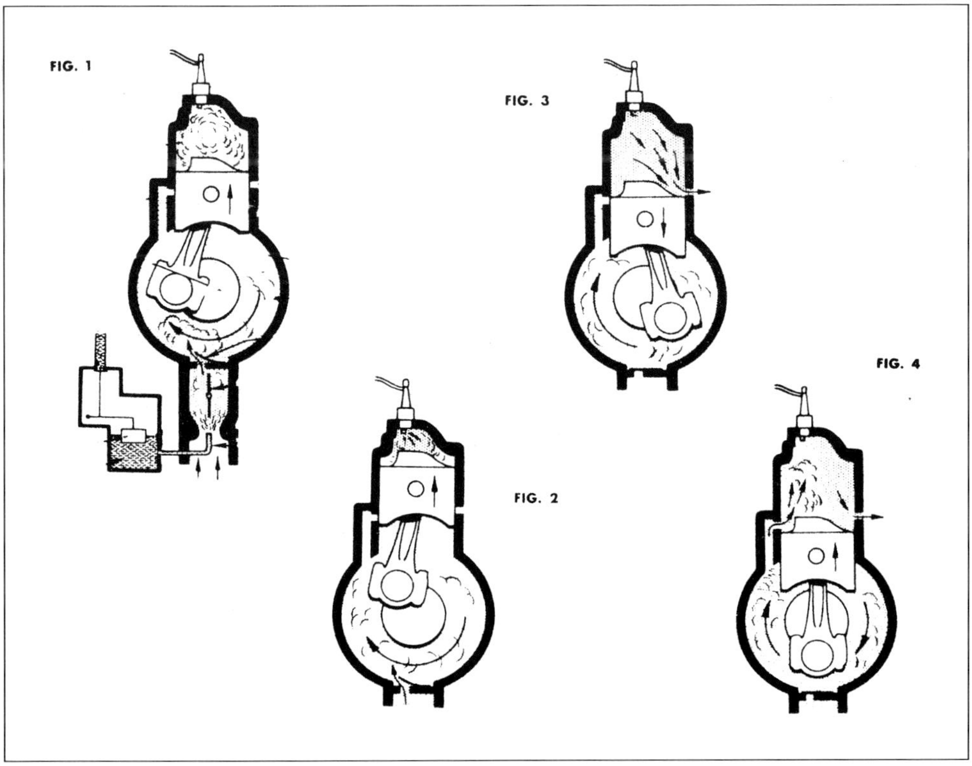

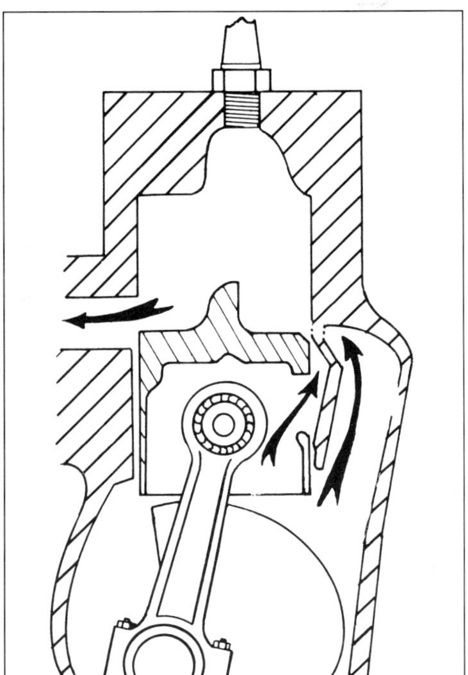

Außenbordmotoren arbeiten überwiegend nach dem Zweitakt-Prinzip. Hier die Wirkungsweise. Figur 1: Verdichtung des unten im Kurbelgehäuse angesaugten Luft-Zweitaktgemischs (aus dem Vergaser mit Schwimmer). Figur 2: Zündung der Ladung durch die oben sichtbare Zündkerze. Figur 3: Arbeitsleistung (Expansion) und Austoßen des verbrannten Gemischs. Figur 4: Einlaß in den Zylinder nach Vorverdichtung des neuen Gemischs, Restgase werden noch ausgestoßen.

Schnitt durch Motorgehäuse und Kolben eines OMC-Außenbordmotors. Durch eine Öffnung im Kolbenmantel strömt zusätzliches Zweitakt-Gemisch in den Zylinder (»power porting«). Eine Nase oben auf dem Kolben lenkt die neue Füllung so, daß möglichst wenig Vermischung mit den verbrannten Gasen erfolgt.

Die Bauweise

Im prinzipiellen Aufbau gleichen sie sich alle, wie auch die Illustrationen in diesem Kapitel zeigen. Oben sitzt der eigentliche Motor, der auch »Kraftkopf« genannt wird, zusammen mit der jeweiligen Zündanlage und dem Kraftstoffsystem, also mit Vergaser und Kraftstoffpumpe. Bei kleineren Motoren thront ein kleiner Tank – seitlich versetzt – oberhalb des Motorzylinders.

Damit die Kurbelwelle in ihrer Verlängerung gleich der Antriebsschaft für den Propeller sein kann, sind die meisten Kraftköpfe, also der oder die Zylinder, liegend angeordnet. Die Motorkraft fließt dann über die senkrechten Antriebswelle und über ein Kegelrad-Umlenkgetriebe zum Propeller. Bei größeren Motoren ist die Umlenkung mit einem Getriebe für Vor- und Rückwärtsfahrt und Neutralstellung kombiniert.

Der mittlere Teil des Motors mit Antriebswelle und deren Gehäuse ist der Schaft, der auch als Auspufftopf und Geräuschdämpfer dient. Zum Unterwasserteil gehören das Getriebe, die Kühlwasserpumpe, der Unterwasser-Auspuff und natürlich der Propeller.

Die Bildern und Zeichnungen können uns den Aufbau des Außenborders und seine Teile anschaulicher machen

Nachschubwege

Was da irgendwo auf der Welt als schwarze Brühe aus einem Bohrloch gepumpt wird, findet nach langen Transportwegen, sowie nach großer Kunst bei Verarbeitung und Kalkulation schließlich auch seine Bestimmung – ob Benzin oder Dieselkraftstoff – bei einem Außenborder. Je nach Größe von Boot und Motor kann die kalorienreiche Flüssigkeit auf verschiedenen Wegen an den Ort der Verbrennung gelangen.

Dreierlei Wege

Motoren bis 4 PS sind fast immer mit einem Falltank ausgerüstet. Hier ist es die allgegenwärtige Schwerkraft, die das kraftspendende Naß von oben nach unten zum Vergaser zieht.
Bei mehr als drei Liter Tankvolumen kommt der separate Tank zum Einsatz. Über eine mechanische Membranpumpe oder eine elektrische Pumpe wird der Kraftstoff vom Tank in den Vergaser gedrückt.
Eine Kombination aus diesen beiden Pumpensystemen wird bei fest eingebauten Versorgungstanks verwendet. Ohne den konstanten Druck einer elektrischen Zusatzpumpe könnte bei meterlangen Zuleitungen die mechanische Membranpumpe überfordert werden. Deshalb sind auch nachträglich installierbare elektrische Pumpen sinnvoll.

Druck muss sein

Der nötige Benzindruck kann auch durch menschliche Kraft hergestellt werden, nämlich durch den kleinen »Pumpenbalk«. Er sitzt in der Leitung zu einem separaten Tank, wird durch Handkraft betätigt und das sorgt für den nötigen Druck beim Starten.
Zwischen Tank und Vergaser kann sich nach längeren Standzeiten ein Luftpolster aufbauen. Es verhindert eine konstante Kraftstoffzufuhr, was Startschwierigkeiten zur Folge hat.
Wie die Systemzeichnung zeigt, kann bei einer korrekten Montage des Pumpenbalks Benzin in nur eine Richtung, nämlich zum Tank hin, fließen. Das Rückschlagventil im Balk verhindert den Ruckfluß zum Tank. Der unscheinbare Pumpenbalk ist ein typisches Verschleißteil. Das Gummi wird mit der Zeit spröde und undicht. Bei der Nachrüstung sollte man auf die Peilmarkierung der Fließrichtung achten.

Pumpenmembrane verschleißt

Weil Membranpumpen in aller Regel jahrelang ohne Probleme arbeiten, übersieht man leicht den Alterungsprozess der Mebrane. Bei jedem Kolbenhub des Motors wird die Gummi- oder Plastikmembrane auf und nieder gedrückt: Rund 5000 Bewegungen in einer Minute oder etwa 300 000 Membranbewegungen in einer Stunde!
Die Zuverlässigkeit dieses so wichtigen Teils ist in der Tat erstaunlich. Nach etwa drei bis fünf Jahren aber kann die Membrane an den stark beanspruchten Kanten brechen oder es bilden sich kleine Löcher. Weil das Auseinanderbrechen meist langsam vor sich geht, sinkt

Mindestens einmal im Jahr sollte der Benzintank gereinigt werden. Kondenswasser und Schmutzpartikel blokkieren die Filter und verstopfen die Vergaserdüsen. Öl flockt bei langen Standzeiten aus und blockiert Düsen und Filter. Rost im Tank ist trotz der Ölbeimischung kaum zu vermeiden. Auch Gummiteile von den Dichtungen verschmutzen den Treibstoff im Tank. Bei Kunststofftanks sind feine Späne üblich. Schlimm wirkt sich nicht geeignetes Kunststoffmaterial aus.

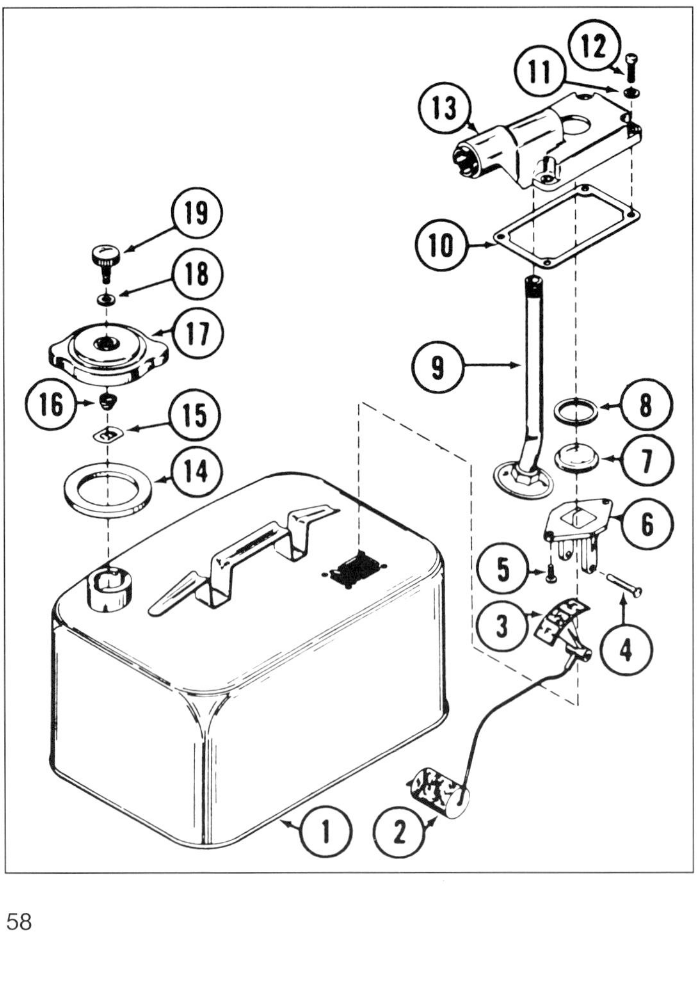

Teile eines tragbaren Tanks (OMC):
1 – Tank,
2 – Schwimmer,
3 – Anzeige,
4 – Stift,
5 – Schraube,
6 – Halterung für Benzinanzeige,
7 – Scheibe,
8 – Ring,
9 – Abfüllrohr,
10 – Dichtung,
11 – Unterlegscheibe,
12 – Schraube,
13 – Abdeckung,
14 – Dichtring,
15 – Sicherung,
16 – Feder,
17 – Verschlußkappe,
18 – Dichtung,
19 – Schraube

Tank aus Kunststoff, links, und aus Blech, Welches System ist besser? Blechtanks rosten nach etwa zehn Jahren, soviel steht fest. Dafür sind Kunststofftanks nicht UV-resistent und können ohne Vorwarnung nach jahrelanger intensiver Sonnenbestrahlung auch brechen. Wer seinen Tank alle fünf Jahre auswechselt, kann in dieser Beziehung sorgenfrei übers Wasser fahren.

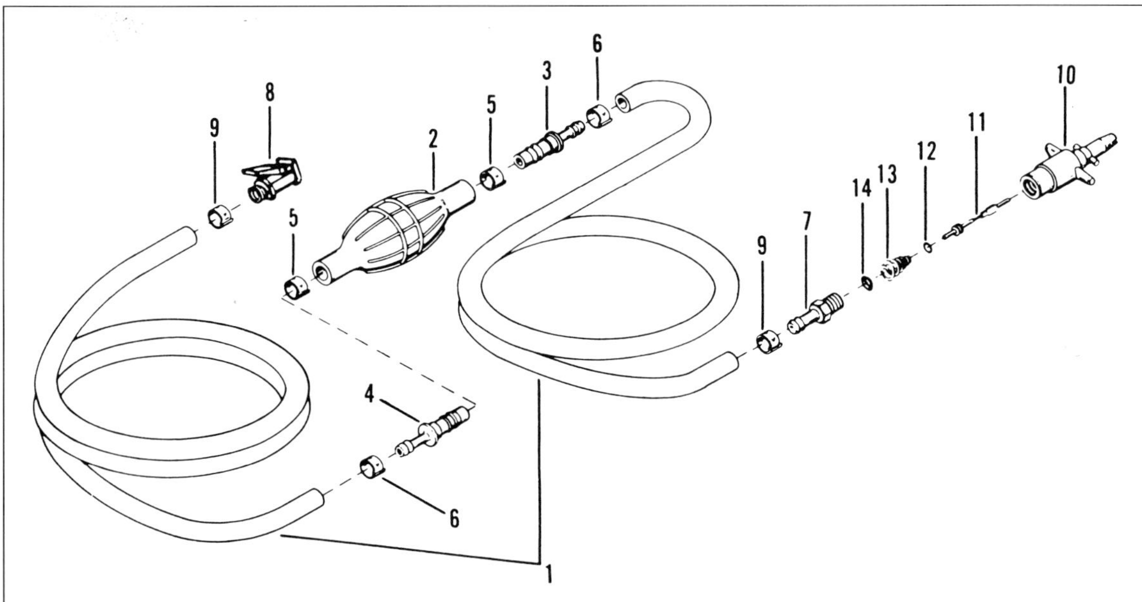

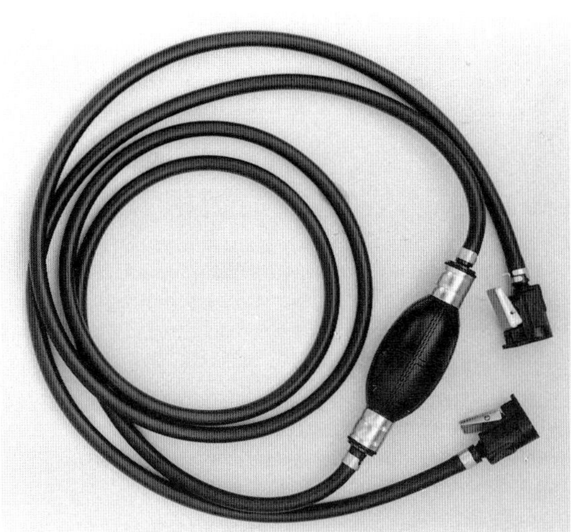

Teile des Verbindungsschlauches vom Tank zum Motor: 1 – Schlauch, 2 – Pumpenbalg, 3 – Prüfventil (Einlaß), 4 – Vorrichtung (Auslaß), 5 und 6 – Hülse, 7 – Verbindungsstück zum Tank, 8 – Verbindung zum Motor, 9 – Hülse, 10 – Bajonettverschluß zum Tank, 11 – Teil des Verschlusses, 12 – O-Ring, 13 – Feder, 14 – Dichtring.

Ein simples Ersatzteil ist der Pumpenbalg mit Treibstoffzuleitung vom Tank zum Motor. Bei der Montage muss auf die richtige Durchflußrichtung geachtet werden. Auf dem Balg ist die Flußrichtung angezeigt. Schon geringste Undichtheiten im Schlauchsystem lassen den Benzindruck absinken. Die meisten Startprobleme bei hohen Außentemperaturen sind Folge mangelhafter Kraftstoffversorgung.

Benzinpumpe am Yamaha-Motor (Bildmitte). Vorbildlich ist die Durchflußrichtung gekennzeichnet. Eine preiswerte Ersatzpumpe ist für den Auslandsaufenthalt sinnvoll, falls stark schwefelhaltiges Benzin die Pumpenmembrane zerstört.

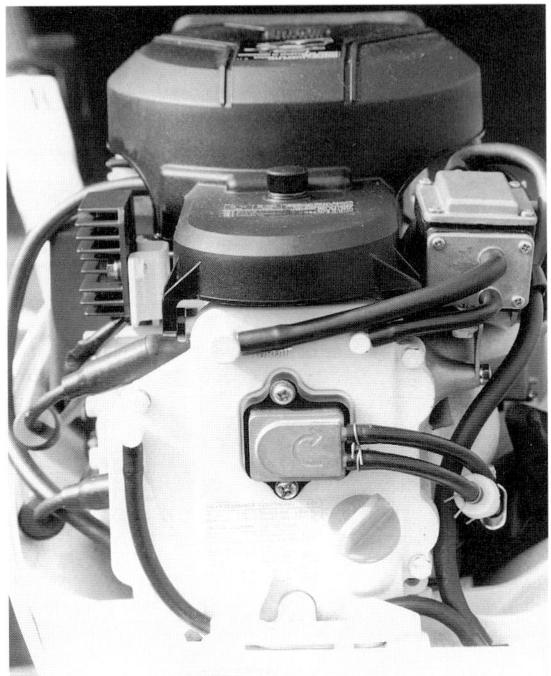

Moderne Motoren wie dieser 50 PS-Yamaha sind mit einem separaten Öltank (rechts) und einem Kunststoff-Filter für den Treibstoff ausgerüstet. Dieser Filter (Bildmitte) sollte etwa alle 20 Betriebsstunden zumindest kontrolliert und dann mit sauberem Benzin gereinigt werden.

der Benzindruck meist nicht schlagartig ab, sondern vermindert sich im Laufe der Zeit. Der Motor bekommt nicht den nötigen Nachschub bei Vollast zugeführt.
Nach längeren Standzeiten versprödet die Membrane. Nicht zuletzt spielt dabei die Kraftstoffqualität eine wichtige Rolle. Stark schwefelhaltiges Benzin, wie seinerzeit in Jugoslawien angeboten, ruiniert die Membrane schon nach etwa einem Jahr.

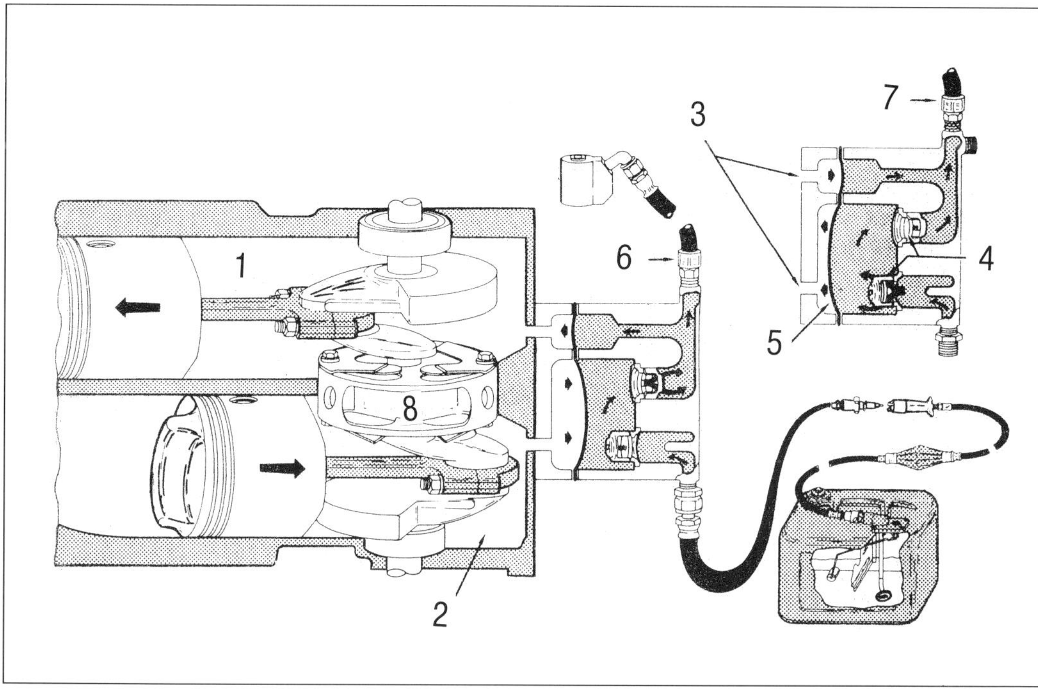

Wirkungsweise der Kraftstoffpumpe bei einem Außenbordmotor (Mariner), zu finden rechts an der Darstellung des Zweizylinders. Es bedeuten: 1 – niedriger Druck im Kurbelgehäuse, 2 – hoher Druck dort, 3 – jeweils verschiedener Druck vom Kurbelgehäuse, 4 – Rückschlagventile, 5 – Membrane (betätigt durch verschiedenen Druck), 6 und 7 – zum Vergaser, 8 – Flatterventil.

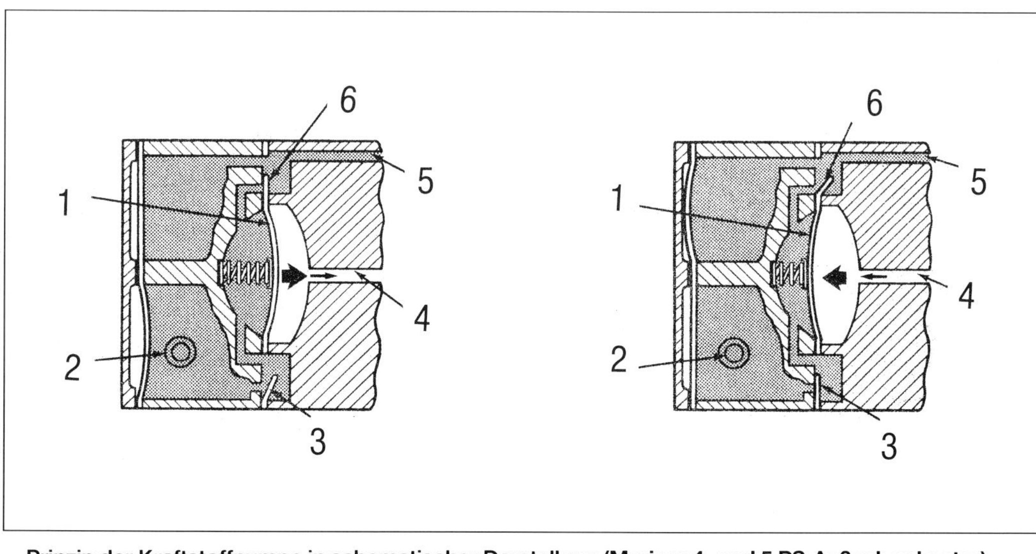

Prinzip der Kraftstoffpumpe in schematischer Darstellung (Mariner 4- und 5 PS-Außenbordmotor). 1 – Elastische Membrane, 2 – Kraftstoffzufluß, 3 – Rückschlagventil, 4 – Öffnung für bestehende Pulsationen, 5 – Zufluß zum Schwimmernadelventil im Vergaser, 6 – Rückschlagventil.

Membrane früh genug wechseln

Membranen können nicht repariert werden. Aber das Auswechseln ist kein Problem. Es kann, wie die Zeichnung zeigt, selbst vorgenommen werden. Amerikanische Motoren sind oft mit »Wegwerf«-Membranpumpen ausgerüstet.

Weil jeder Motor seinen eigenen Membranpumpen-Typ braucht, sollten zumindest auf längeren Auslandsfahrten eine Ersatzpumpe und passende Dichtungen im Ersatzteil-Schapp dabei sein.

In älteren Stahltanks bildet sich im Laufe der Jahr Rost. Diese Rostpartikel setzen die Membrane langsam zu. Die neuen Kunststofftanks sind auch nicht frei von Problemen. Statt Rost können feine Kunststoffteilchen die Membrane blockieren und später die Vergaserdüsen. Saubere Kraftstoffilter sind deshalb wichtig für den reibungslosen Benzinfluß vom Tank zum Vergaser.

Vermischtes

Zur Entfachung des nötigen Feuers werden die meisten Außenborder über einen Flachstrom-Schiebervergaser mit der notwendigen flüssigen Nahrung versorgt. Die Systemzeichnungen erklären den Aufbau der verschiedenen Vergaser-Typen. Auch Benzin-Einspritzung kommt zur Anwendung, dies jedoch in der Regel nur bei Außenbordern hoher Leistung für den Sport- und Rennbetrieb.

Zulaufreglung durch Schwimmer

Im Vergaser hält in klassischer Weise ein Schwimmer den Benzinstand konstant. Der Schwimmer besteht aus einem oder zwei Kunststoff-Schwimmkörpern. Unter dem Vergaser-Durchlaß ist ein Metallscharnier angeordnet, mit dem eine gewisse Schräglage ausgeglichen werden kann, ohne daß Betriebsstörungen durch einen klemmenden Schwimmer auftreten.

Hat der zulaufende Kraftstoff die vorgeschriebene Höhe in der Schwimmerkammer erreicht, ist der auf einem Stift gelagerte Schwimmer so weit angehoben, daß er eine mit dem Schwimmer verbundene Nadel gegen den Sitz des Zulaufventils drückt und den Zulauf von Kraftstoff unterbricht. Der Motor entnimmt jetzt Kraftstoff aus der Schwimmerkammer des Vergasers. Der Kraftstoffspiegel sinkt dort ab, damit senkt sich auch der Schwimmer und die Schwimmernadel gibt die Bohrung des Zulaufventils frei. Kraftstoff läuft vom Tank wieder nach.

Das Schwimmerkammer-Ventil dient in Verbindung mit dem Schwimmer nur zur Regelung des Kraftstoff-Zulaufs, nicht als Absperrventil bei stehendem Motor. Kleinste Fremdkörper können sich zwischen Ventilsitz und Nadelspitze ablagern und damit das vollständige Schließen des Ventils verhindern.

Kraftstoffhahn schließen

Beim Abstellen des Motors muss deshalb grundsätzlich der Kraftstoffhahn am Tank geschlossen werden. Ein Kraftstoff-Filter verhindert Betriebsstörungen, sofern Fremdkörper abgeschieden werden müssen, damit der Zulauf des Kraftstoffs nicht behindert wird. Ein zu feiner Filter kann die zulaufende Spritmenge jedoch merklich reduzieren. Deshalb nur Originalfilter verwenden und keine Filter von 4-Taktern.

Überlaufender Vergaser

Die Schwimmerkappe ist mit einem Federbügel am Vergasergehäuse befestigt. Die meisten amerikanischen Vergaser sind mit einer fest verschraubten Schwimmerkammer ausgerüstet. Zwischen Schwimmergehäuse-Kappe und Vergasergehäuse liegt die Dichtung.

Der Raum über dem Kraftstoffspiegel ist durch zwei Kanäle mit der Umgebungsluft verbunden. Sind diese Kanäle verstopft, bildet sich über dem Kraftstoffspiegel ein Luftpolster. Der Schwimmer kann dann vom Kraftstoff nicht angehoben werden, wie es zum

Schließen des Zulaufventils erforderlich ist und der Vergaser wird überlaufen – eine häufige Ursache für Startprobleme. Der Vergaser ist also immer gut sauber zu halten.
Bei einigen Vergaser-Typen sind die Mündungen der Entlüftungskanäle mit einem dünnen Schlauch verbunden, damit kein Staub und Wasser in den Vergaser gelangen kann. Ein Überlaufrohr oder Drainagekanal sorgt bei einigen wenigen Vergasern für den Abfluß zurück in den Haupttank bei zu hohem Kraftstoffstand in der Schwimmerkammer, wenn beispielsweise ein undichtes Zulaufventil das Kraftstoffniveau über das zulässige Maß angehoben hat. So wird vermieden, daß Benzin ins Wasser gerät.

Hauptregulierungssystem

Die vom Motor angesaugte Gemischmenge und damit seine Leistung werden durch den Querschnitt im Vergaserdurchlaß geregelt, der vom Gasschieber freigegeben wird. Dieser Schieber wird über einen Drahtzug gegen die Kraft einer Rückholfeder angehoben. Durch die Luftströmung wird im Vergaserdurchlaß ein Unterdruck erzeugt, der dann Kraftstoff aus der Schwimmerkammer durch das Düsensystem hindurch ansaugt.

Weg der Luft

Auf seinem Weg vom Schwimmergehäuse zum Vergaserdurchlaß durchströmt der Kraftstoff die Hauptdüse, den Düsenstock und die Nadeldüse und wird nach seinem Austritt aus der Nadeldüse mit Luft vorgemischt. Die Luftmenge zieht vom Filteranschluß her über einen Luftkanal und den Zerstäuber ringförmig um die Nadeldüse herum. Diese Luftmenge unterstützt die Aufspaltung des angesaugten Kraftstoffs in feinste Tröpfchen und begünstigt damit die Kraftstoffverteilung im Saugrohr und damit die Verbrennung im Motor.
Im Teillastbereich, wenn sich der Gasschieber zwischen einem und drei Viertel seines vollen Hubs befindet, wird weniger Kraftstoff benötigt als bei Vollgas. Der Zufluß des Kraftstoffs zum Vergaserdurchlaß wird deshalb mit einer Düsennadel gedrosselt, die mit dem Schieber verbunden ist und in die Nadeldüse eintaucht.
Zur Feineinstellung kann die Düsennadel im Gasschieber in verschieden hohen Positionen befestigt werden (»Nadelstellungen«). Kleine Außenborder sind mit einer fest justierten Nadelstellung ausgerüstet.
Eine höhere Nadelstellung ergibt einen größeren Ringquerschnitt in der Nadeldüse und umgekehrt. Nadelstellung 2 bedeutet damit, daß die Düsennadel mit dem zweiten Einstich von oben in ein Halteplättchen eingehängt ist.
Die Vergaser-Einstellung wird mit Hauptdüsen und Nadeldüsen verschiedener Größen, sowie mit Zerstäubern, Gasschiebern und Düsennade in verschiedener Ausführungen vorgenommen. Die Werkseinstellung kann nur von einer Fachwerkstatt überprüft, bezw. geändert werden, sonst stimmt die Synchronisation nicht mehr.

Das Leerlaufsystem

Im Leerlauf des Motors ist der Gasschieber so weit geschlossen, daß er die Gasschieber-Stellschraube berührt. Mit dieser Schraube kann die Leerlaufdrehzahl verändert werden. Rechtsdrehung ergibt höhere Leerlaufdrehzahl und umgekehrt. Die Gasschieberstellschraube ist mit einer Feder gegen selbständiges Lösen gesichert.

Bei sorgfältiger Pflege bereitet der Vergaser (Bildmitte), hier das 9.9-PS-Viertakt-Modell von Yamaha, wenig Ärger. Wichtigste Voraussetzung für den störungsfreien Betrieb bei jedem Motorentyp ist frischer, sauberer Kraftstoff mit dem exakten Mischungsverhältnis. Andernfalls blockieren die feinen Düsen.

Einfacher Schwimmervergaser eines 4 PS-Flautenschiebers. Links ist die Drosselklappe geöffnet, rechts geschlossen. Bei intensivem Gebrauch dürfte die Drosselklappe nach etwa sechs Jahren leicht ausgeschlagen sein, was zu erhöhtem Verbrauch führt.

Die Teile des Vergasers für einen 7,5 PS-Außenborder (Mariner):
1 und 2 – Drosselklappen-Anschlagregelung, 3 – Abweisring, 4 – Verschluß, 5 – Kugel, 6 – Dichtung, 7 – Abweisring, 8 – Dichtung, 9 – Einlaßnadeldüse mit Halterung, 10 – Federring, 11 – Schwimmer mit Zubehör, 12 – Stift für Schwimmerlagerung, 13 – Schwimmerkammer-Schraube, 14 – Befestigungsschraube, 15 – Schraube für Nockenbetätigung, 16 – Drosselklappenfeder, 17 – Verbindung für Nokkenbetätigung, 18 – Fixierclip, 19 – Schraube, 20 – Nadeldüsenhalterung, 21 – Teillast-Nadeldüse, 22 – Vollastregelschraube, 23 – Schwimmerkammer.

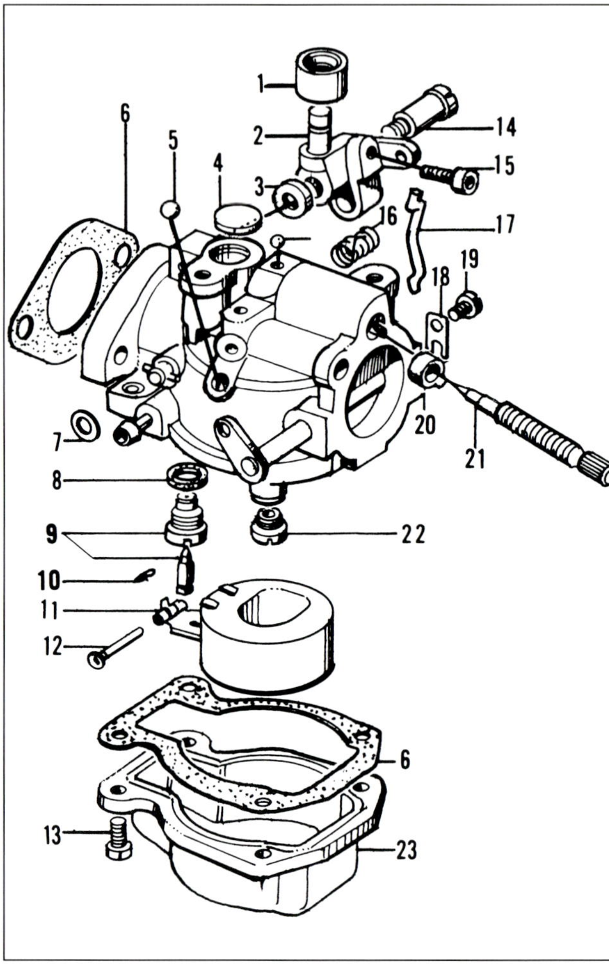

In der Leerlaufeinstellung ist der Unterdruck am Nadeldüsenaustritt so gering, daß über das Hauptregulier-System kein Kraftstoff gefördert werden kann. Die Kraftstoffzufuhr zur angesaugten Luft erfolgt dann über ein Hilfssystem, das Leerlaufsystem. Es besteht aus der Leerlaufdüse und der Luftregulierschraube mit dem Dichtring, der die Schraube abdichtet und gegen selbstständiges Lösen sichert.
Die Einstellung des auch für den Verbrauchs wichtigen Leerlaufs soll grundsätzlich nur am betriebswarmen Motor vorgenommen werden.

Vergaserprobleme

Wenn wegen ausbleibendem Kraftstoff-Nachschub Störungen auftreten, sind Vergaser-Probleme im allgemeinen das letzte Glied in der Kette der möglichen Ursachen.
Die Demontage einer Mehrfach-Vergaseranlage ist außerordentlich schwierig und sollte – auch wegen der exakten Einstellung – einer Fachwerkstatt überlassen werden. Zu viel

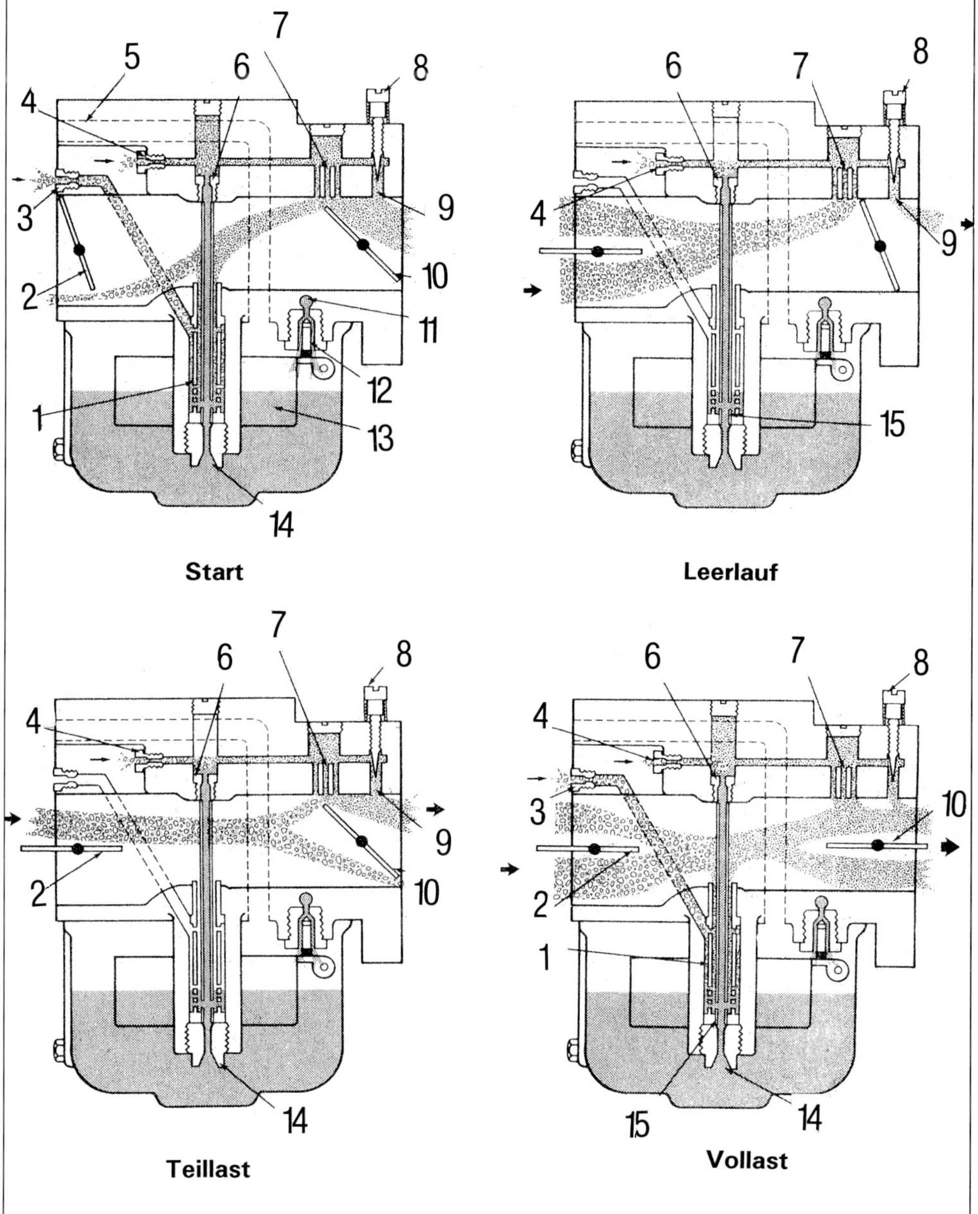

19

Zweizylinder-60 PS-Außenborder (Mariner). Durchfluß bei verschiedenen Lastzuständen. 1 – Hauptzufluß, 2 – Starterklappe, angesaugter Luftstrom, 3 – Hauptluftdüse, 4 – Leerlaufluftdüse, 5 – Entlüftung, 6 – Leerlaufdüse, 7 – Leerlaufluftkanäle, 8 – Leerlaufgemisch-Regulierschraube, 9 – Leerlaufgemisch-Auslaß, 10 – Drosselklappe, 11 – Benzinzufluß, 12 – Nadelventil, 13 – Schwimmer, 14 – Hauptdüse, 15 – Zuführung für Leerlauf.

Dreifach-Vergaseranordnung bei einem Dreizylinder-Yamaha. Abgesehen von optischen Kontrollen sollte man die Finger von dieser komplizierten Maschine lassen. Ein Fall für den autorisierten Kundendienst, der über die nötigen Prüf- und Synchron-Einrichtungen verfügt.

kann beschädigt oder falsch montiert werden. Nachjustierungen wird der Außenborder-Mechaniker mit den vorgeschriebenen Meßgeräten am besten vornehmen, ohne daß der Verbrauch unkontrolliert ansteigt. Garantieansprüche sind bei eigenen Justier-Arbeiten am Vergaser gefährdet.
Dennoch lassen sich kleinere Probleme mit entsprechenden Vorkenntnisse aus dem Weg räumen.Wir denken an verstopfte Vergaserdüsen oder an einen klemmenden Schwimmer.

Die Hauptdüse

Die meisten kleinen Außenborder sind mit einer fest eingestellten Hauptdüse ausgerüstet. Für den Skipper bedeutet dies weniger Probleme im Alltagsbetrieb.
Mit dieser festen Einstellung läuft der Motor zwischen leicht erhöhtem Leerlauf und etwa 90 Prozent Vollgas einwandfrei. Der niedrigste und höchste Vollgas-Drehzahlbereich liegt außerhalb der festen Vergaser-Einstellung. Für ein Bootsrennen taugt die feste Vergasereinstellung deshalb nichts. Hier wäre eine andere Düsenbestückung nötig.

Verstopfte Vergaserdüsen

Diese Störungsursache ist nach längeren Standzeiten und nach Konservierungsmaßnahmen fast die Regel. Rost aus einem alten Tank oder Kanister oder andere Schmutzteile setzen die Vergaserdüsen zu. Der Motor läuft unrund oder kommt nicht auf seine normale Drehzahl. Der Einlaßquerschnitt der Vergaserdüsen ist durch den Schmutz spürbar verkleinert.

Der Saug-Trick

Bevor wir nun Leerlauf- und Hauptdüse herausschrauben, sollten wir mit einem einfachen Trick versuchen, den Düsenquerschnitt wieder zu öffnen. Wir lösen den Luftfilter, sofern dieser vorhanden ist, am Vergaserstutzen (Zeichnung), und drücken bei laufendem Motor und ca. 60% Vollgas kurzfristig die flache Handfläche auf den Vergaser-Einlaßstutzen. Die Motordrehzahl sinkt abrupt ab,

Wir heben jetzt unsere Handfläche kurz an, lassen den Motor wieder hochdrehen und drücken wieder mit der Handfläche auf den Einlaßstutzen. Wer genau hinhört, bemerkt die Drehzahländerung sofort.

Der Motor dreht bei jedem Loslassen der aufgepressten Handfläche höher und kann nach etwa fünfmaligem Versuch wieder die maximale Drehzahl erreichen.

Die Vergaserdüse kann durch den entstehenden Unterdruck gereinigt werden. Unterdruck entsteht jeweils beim Handaufdrücken. Die Kolbenmasse will massiv die ja nicht mehr vorhandene Luft aus dem Vergaser ansaugen. Dabei werden mikrokleinen Verunreinigungen aus der Vergaserdüse in den Verbrennungsraum gesaugt. Bei weit über 50% »normaler« Verunreinigungen hilft diese Maßnahme.

Ein Teil der Schmutzpartikel fließt durch die Vergaserdüsen in den Brennraum. Je häufiger der Motor gefahren wird, desto weniger Verunreinigungen setzen sich in den Düsen fest. Durch hin und wieder vorgenommenen Lastwechsel – mehr oder weniger Gas geben oder ganz wegnehmen – lassen sich Düsen, aber auch Zündkerzen, in bestimmtem Umfang reinigen.

Düsen-Ausbau

Bei starken Verunreinigungen der Vergaserdüsen hilft nur der Ausbau der beiden Leerlauf- und High Speed-Düsen. Der Mechaniker reinigt die Düsen mit Pressluft.

Freunde des Fotografierens kennen wahrscheinlich die kleinen Pressluft-Sprays zum Reinigen von Kameras. Mit dieser fein dosierbaren Pressluft lassen sich auch Vergaserdüsen reinigen. Man schraubt das Schwimmergehäuse ab (Zeichnung) und bläst die High Speed-Düse mit Pressluft durch. Vor harten Reinigungsmethoden, wie das Durchstoßen von Düsen mit einem Draht, kann nur gewarnt werden. Der auf Millimeter-Bruchteile präzise bemessene Düsenquerschnitt wird dabei unmerklich verändert. Damit ändern sich auch die Vergaser-Einstellwerte.

Der Klopf-Trick

Ein klemmender Schwimmer bringt, wie erwähnt, den Vergaser zum Überlaufen. Der Motor stirbt ab. Mit einem Holzstück klopfen wir leicht an die Schwimmerkammer. Meistens löst sich dann der klemmende Schwimmer. Wenn das nichts hilft, schrauben wir die ganz unten am Vergaser-Schwimmergehäuse angebrachte Ablaßschraube ab – nur bei größeren Motoren vorhanden – und stochern vorsichtig mit einem dünnen Schraubendreher in Richtung Schwimmer. Der klemmende Schwimmer kann dann in seine richtige Lage fallen. Bei einigen Vergaser-Typen muss das Schwimmergehäuse abgeschraubt werden, weil die Kraftstoff-Ablaßschraube fehlt. Dann lässt sich der Schwimmer auf richtigen Sitz und Beweglichkeit überprüfen.

Sparwelle

Die Natur ist verschwenderisch, da macht der Mensch gern mit. Aber er muß sich nun einmal zügeln, sonst läuft so manches aus dem Ruder. Auf dem Wasser hilft ihm dabei der Überlebenstrieb. Ein durch Kraftstoffmangel nicht leblos gewordener Motor bedeutet oft die Rettung aus bedrohlicher Situation.
Seit Anfang der 70er Jahre regt sich auch das Bedürfnis, mit dem Einsparen von Energie Rohstoffquellen und Umwelt zu schonen. Und nicht zuletzt ist weltweit mit einem weiteren Ansteigen der Preise für die so praktikable flüssige Energie zu rechnen. Das alles ist Grund genug, auch hier die Möglichkeiten für ökonomische Verbräuche zu nutzen.

Der Vier-Punkte-Check

Nicht nur der Gasfuß beim Auto oder die Gashand beim Betrieb mit dem Außenbordmotor entscheiden über den Verbrauch. Man erkennt es unschwer an den folgenden Fragen und wie man sie beantworten kann.
1. Passt der Motor zum Boot?
2. Welche Geschwindigkeit ist mit welchem Trimm ökonomisch?
3. Wird der richtige Propeller gefahren?
4. Hat man die Wartung im Griff?

Gleitzeit. Der Verbrauch hängt primär vom Bootstyp und der Fahrweise ab. Bei Halbgas gleitet dieses amerikanische Boot mit etwa 20 Knoten Fahrt dahin. Es verbraucht dabei etwa 25 Liter Gemisch je Stunde. Beim Übergang mit Vollgas in den Gleitzustand fließen mindestens 50 Liter pro Stunde durch die Vergaser.

Ruhezeit. Die richtige Abstimmung von Boot und Motor und dem eigenen Geldbeutel entscheidet langfristig über den Spaß am Wassersport. Dieser Evinrude-Motor mit 40 PS ist für den italienischen Eigner in Anbetracht der extrem hohen Benzinkosten in Ordnung. In den USA würde man das gleiche Boot mit 90 PS motorisieren. Dort kostet der Sprit nur ein Viertel der italienischen Preise.

Wo der Spar-Effekt beginnt

Genau genommen, fängt das Kraftstoff-Sparen schon beim Bootskauf an. Nicht nur Größe, Gewicht und Art der Konstruktion spielen eine Rolle, sondern auch, ob das Boot seinem Zweck entsprechend gefahren wird.
Ein ständig überladenes Gleitboot verbraucht bis zu einem Drittel mehr Benzin als ein optimal abgestimmtes Boot. Ein anderes Argument: Länge läuft nicht nur, mehr Länge kann auch erheblich zur Verbrauchsoptimierung beitragen. Weil Zweitaktmotoren empfindlicher auf eine nervöse Gashand reagieren als Dieselmotoren, steigt der Verbrauch spürbar an. Manches Boot erreicht erst bei 80 Prozent der Leistung seine optimale Gleitfahrt.
Etwas mehr Bootslänge würde bei gleicher Belastung und gleicher Motorisierung günstigere Verbrauchswerte ergeben, denn die optimale Gleitfahrt kann schon viel früher erreicht werden. 50 Zentimeter mehr Bootslänge können 25 Prozent geringeren Verbrauch bei gleichem Motor bedeuten.

Test- und Probefahrten

Leider werden die meisten Bootstests nur mit der üblichen Zweimann-Besatzung gefahren. Bei maximal zulässiger Beladung würden ganz andere Testergebnisse im Fahrtverhalten und im Verbrauch herauskommen. Aber unter diesen Verhältnissen werden die meisten Boote in Freizeit und Ferien benutzt.
Die Probefahrt beim Bootshändler sollte deshalb mit halber und maximaler Zuladung organisiert werden. Amerikanische Bootshändler verlangen dafür etwa 150 Mark, die beim Kauf angerechnet werden. Keine schlechte Lösung, auf die seriöse Bootshändler sicher auch bei uns eingehen werden.

Der Trimmungsmesser

Trimm-Anzeigegeräte zeigen den Trimmwinkel des Außenborders an. Man beobachte den Trimm-Messer und trimme dabei den Motor nach oben und unten in die Lage, die gleichmäßigste Fahrt sowie Höchstgeschwindigkeit ermöglicht.

Der um etwa 25 bis 40 Prozent geringere Verbrauch von Viertaktmotoren ebnete Honda den Weg in den hart umkämpften Außenborder-Markt. Dieser 5 PS-Viertakter braucht bei Halbgasstellung etwa 2,5 Liter bleifreies Benzin je Stunde Fahrt.

Trimmung beim Start

Beim Start trimmt man den Motor ganz nach unten. Der Bug wird in langsamer Fahrt heruntergedrückt. Bei maximaler Beladung oder beim Wasserski-Schlepp sollte der Außenborder beim Start ebenfalls nach unten getrimmt werden.

Höchstgeschwindigkeit

Der Motor ist allmählich dann nach oben zu trimmen, wenn das Boot gleitet. Der Fahrtmesser zeigt den Zuwachs durch die veränderte Trimmung an. Das Boot stellt sich auf, wenn der Außenborder zu stark nach oben getrimmt ist. Kavitation tritt auf. Man hört es am veränderten, höheren Motorgeräusch. Die Drehzahl übersteigt die zulässige maximale Grenze. Deshalb Trimmung wieder etwas zurücknehmen, damit diese Symptome wieder verschwinden. In dieser Position ist der Trimmwinkel dann richtig eingestellt.

Trimmung bei grober See

Unter diesen Umständen verändert sich der optimale Trimmungswinkel, ist er doch abhängig von Richtung und Höhe der Wellen, von der Neigung des Bootes, Rumpfform und Geschwindigkeit des Bootes. Man stellt Trimmwinkel und Geschwindigkeit so ein, daß ein Aufschlagen nach Möglichkeit vermieden wird.
Die Fahrt bei hohem Wellengang läßt ja das Boot aufschlagen, was weder der Mechanik noch der Besatzung gut bekommt. Man sollte den Außenborder deshalb bei rauher See weder übermäßig nach oben oder unten trimmen.

Trimmungs-Eigenschaften

Bei zu starker Trimmung nach unten
- beschleunigt das Boot nicht,
- fährt das Boot einen Zickzack-Kurs.
- lässt sich das Boot nur schwer nach Steuerbord steuern,
- neigt das Boot zum Rollen.

Auf die Trimmung kommt es beim Verbrauch an. Bei schneller Kurvenfahrt (oberes Bild) tritt Kavitation auf. Der Propeller dreht in einem Wasser-Luft-Gemisch über die reguläre Drehzahl hinaus, was ohnehin mehr Verbrauch kostet. Bei gleicher Trimmung läuft das Boot in Geradeausfahrt verbrauchsgünstig mit 60 Prozent Gas dahin (mittleres Bild). Von der Verdrängungsfahrt auf Gleitfahrt (unteres Bild) verbraucht der Motor besonders viel, weil der Fahrtwiderstand hoch ist. Ähnlich verhält sich der Verbrauch bei einem überladenen, stark hecklastigem Boot.

Bei übermäßiger Trimmung nach oben

- gleitet das Boot nicht richtig,
- der Rumpf stellt sich auf,
- die Geschwindigkeit nimmt ab,
- das Boot lässt sich schwer nach Backbord steuern,
- der Motor kann überdreht werden.
- entsteht Kavitation am Propeller.
- der Motor überhitzt, wenn die Kavitationsplatte über die Wasseroberfläche kommt, da die Wasserpumpe ein Wasser-Luft-Gemisch ansaugt.

Primär entscheidet die Bootsgeschwindigkeit über den Verbrauch. Bei langsamer Verdrängungsfahrt verbraucht ein 6 Meter langes Gleitboot bei 5 Knoten Fahrt nur ein Viertel so viel, wie bei 23 Knoten schneller Gleitfahrt mit 70 Prozent Gas. Unter Vollast kann der Verbrauch auf etwa das siebenfache (35 Liter je Stunde) der Verdrängungsfahrt ansteigen, obwohl die Höchstgeschwindigkeit bei 28 Knoten liegt.

5 Knoten mehr Fahrt bedeuten beim gleichen Boot 10 Liter Mehrverbrauch je Stunde. Das kann bei den hohen Preisen für Zweitakter-Außenborderöle – 18 DM je Liter mit steigender Tendenz – ein teures Vergnügen werden.

Der richtige Propeller

Dem Kapitel »Der Propeller« vorweggenommen sei der Zusammenhang zwischen Propeller und Verbrauch.

Der richtige Propeller und natürlich der richtige Trimm verbessern die Leistung und reduzieren den Verbrauch spürbar. Logisches Vorbild für Leistungs- und Verbrauchsoptimierung ist der Rennsport. Rennbootfahrer behandeln jeden Serienmotor schonender und holen mehr Leistung bei weniger Verbrauch aus ihm heraus. Wir können von ihrem Fachwissen nur profitieren.

Als Grundregel für die richtige Propellerwahl gilt: Ein Zoll mehr Propellersteigung ergibt 200 Umdrehungen mehr am Motor. Zu hohe Drehzahlen schaden aber dem Motor, er gerät in Gefahr, zu überdrehen. Der Propeller schleudert Wasser ohne maximalen Vortrieb zu erzeugen. Ein zu kleiner Propeller kann deshalb den Motor ruinieren.

Ein zu großer Propeller lässt den Motor nicht auf die vom Werk festgelegte Drehzahl kommen. Der Motor bleibt unter seiner möglichen maximalen Leistung und verbraucht unnötig viel Benzin. Man sagt: Ein zu großer Propeller würgt den Motor im Vollastbereich ab.

Jeder Propeller mit einer unveränderlichen Steigung kann nur für einen bestimmten Last- und Geschwindigkeitsbereich wirklich optimal sein. Deshalb fährt die Berufsschiffahrt mit verstellbaren Propellern. Für Sportboote gilt folgende Regel:

Der passende Propeller lässt den Motor mit seiner vom Werk angegebenen Maximaldrehzahl drehen, abzüglich der Hälfte der Drehzahlspanne für den Vollgasbereich.

Legt das Werk beispielsweise 4500 bis 5500/min fest, wären 5000/min ideal. Ohne Drehzahl- und Fahrtmesser lässt sich der richtige Propeller nicht exakt bestimmen.

Probefahrt wichtig

Studiert man die Angebotslisten für die verschiedenen Motoren, wird man für jeden Typ zum Teil zahlreiche Optionen für Propeller und ihre Steigungen entdecken. Bei Yamaha sind es beispielsweise nicht weniger als 24 Varianten für einen 115 PS-Motor. Der Nichtfachmann ist in diesem Punkt überfordert. Wir können nur raten, auf einer Probefahrt zusammen mit einem Außenborder-Fachmann bezw. Bootsmechaniker zu bestehen.

Glatte Angelegenheit

Bevor man sich den Kopf zerbricht, was denn nun die Ursache für eine Fehlfunktion ist, sollte man sich an die Statistik halten. Überraschenderweise resultieren bei den im Zweitakt arbeitenden Motoren die meisten Betriebsstörungen aus einem falschen Mischungsverhältnis von Öl und Benzin.

Flockenbildung

Nicht weniger gravierend sind falsche Ölsorten in Verbindung mit »schlechtem« Benzin. Nahezu alle Startprobleme nach dem Winterlager sind eine Folge der Unkenntnis, daß sich Öl in Verbindung mit Benzin in wenigen Monaten zersetzt oder ausflockt. Verstopfte Vergaserdüsen blockieren dann im Frühjahr die Gemischaufbereitung. Davon war schon in Kapitel 9 die Rede. Ungeeignetes Öl erhöht den Motorverschleiß und sorgt für eine Leistungsminderung im gesamten Fahrbetrieb.

Zweitaktöl nicht gleich Zweitaktöl.

Man unterscheidet zwischen normalen Tankstellen-Zweitaktöl für Zweiräder mit Zweitaktmotor, für Rasenmäher oder Stromaggregate und dem speziellen Außenborder-Zweitaktöl. Normales Tankstellen-Zweitaktöl entpricht in der Zusammensetzung fast einem Einbereichsöl für Viertaktmotoren der Viskosität SAE 30. Teure und giftige Zusätze (Additives) bewirken in diesem Öl eine relativ rückstandsfreie Verbrennung. Hier liegt der große Unterschied zum Viertaktöl.

Wärend beim Viertakt-Automotor nur geringste Ölmengen in den Verbrennungsraum gelangen, müssen Zweitaktöle nach dem Zündvorgang im Abgas aufgehen. Nützlich ist, daß die Verbrennungswärme in Zweitaktmotor höher ist als beim viertaktenden Bruder.

Biologisch abbaubares synthetisches Außenborder-Zweitaktöl belastet die Umwelt deutlich weniger als Öle auf mineralischer Basis. Alle großen Motorenfirmen vertreiben das von Castrol hergestellte synthetische Biolube-Öl unter ihrem eigenen Markenzeichen. Hier Yamahalube, links im Bild. Ähnlich verhält es sich mit dem Getriebe-Öl. Zwei Ölkonzerne beliefern den Markt mit unterschiedlichen Namen (Mitte). Teuer, aber gut sind Schmiermittel auf Teflonbasis, weil sie besonders resistent gegen Salzwasser-Einflüsse sind und nicht verharzen (rechts).

Kein Viertaktöl für Zweitakter

Weil die Additives im Viertaktöl für ganz andere Aufgaben konzipiert sind, z. B. Alterungsbeständigkeit, Schmutz in der Schwebe zu halten etc., verbrennen Viertaktöle in Verbindung mit Benzin als »Zweitakt-Mischung« nur unsauber. Ölrückstände setzen sich an den Kolbenringen, in deren Nuten und an Zylinderlaufbahnen zähhaftend fest und verursachen steckende Kolbenringe, was mit verminderter Abdichtung auch Leistungsverlust und Mehrverbrauch bedeutet. Langfristig gesehen, sind Kolbenschäden zu erwarten. Viertaktöle sind deshalb für eine Zweitakt-Mischung ungeeignet.
Im absoluten Notfall kann Viertakt-Einbereichöl SAE 30 in doppelter Konzentration dem Benzin beigemischt werden. Also statt Mischungverhältnis 1:100 die Mischung 1:50 verwenden: Aber nur für kurzfristigen Betrieb mit einer Tankfüllung. Und nur mit Halbgas fahren und Öl und Benzin besonders sorgfältig durchmischen.

Beim »Außenborderöl« bleiben

Der maßgebliche Unterschied zwischen einem guten Tankstellen-Zweitaktöl für Mofas und einem Außenborderöl liegt nicht nur im Preis. Außenborderöle sind gut dreifach so teuer wie handelsübliche »offene« Zweitaktöle. Der Skipper bezahlt beim Außenborderöl seewasserresistente Eigenschaften durch spezielle Additives.
Bei wassergekühlten Außenbordmotoren gelangen über den Auspuff bei Salzwasser-Betrieb geringe Mengen salzhaltiger Luft in den Verbrennungsraum, wenn der Motor steht. Flugrost an Kolbenringen und Zylindern sind die Folge. Tankstellen-Zweitaktöle sind nur für luftgekühlte Außenbordmotoren wie die britischen Seagulls oder einige jugoslawische luftgekühlte Tomos-Exemplare zugelassen, weil sie mit Salzwasser innen weniger konfrontiert sind.
Die Betriebsanleitungen sagen klipp und klar: Wassergekühlte Außenbordmotoren müssen grundsätzlich mit bestimmten Ölsorten betrieben werden. Je nach Land ist die Bezeichnung für Außenbordöle für wassergekühlte Motoren: BIA TC-W oder OMC 381. Das TC-W steht für »Two cycle watercooled«.

Synthetische Motoröle

Zwei verschiedene Sorten sind im Handel: Synthetisches Außenborderöl, das biologisch abbaubar sein soll und Öl auf der üblichen mineralischen Basis. In den Schmiereigenschaften unterscheiden sich die beiden Öle nur wenig. Bei einer Motorinspektion zeigen synthetische Öle allerdings geringere Ablagerungen in den Kolbenringnuten, an Kolbenringen und Zylinderlaufflächen. Die Umweltverträglichkeit soll bei synthetischen Ölen besser sein.

Biologisch abbaubar

Mit seinem synthetischen Biolube-Öl ist Castrol der bekannteste Hersteller von biologisch abbaubaren Ölen. Beim neuen Biolube 100 sollen 80% der Ölrückstände von »Kleinlebewesen« (Mikro-Organismen) »verspeist« werden. Dazu zählen Algen, Pilze und Bakterien. Die »verdauten« Überreste sind Kohlendioxide und Wasser, die durch Photosynthese in Sauerstoff zurückverwandelt werden.

Für diese daraus resultierende Umweltverträglichkeit wurde von der Industrie der Öltest CEC-L-33-T-82 geschaffen.
Soweit so gut. Der Haken an der Sache liegt an den kaum nachprüfbaren Angaben der Hersteller, die alles versuchen, vom Gleis der Umweltverschmutzer herunterzukommen. Schon 1976 schwärmte die Ölindustrie von einem biologisch abbaubaren Zweitaktöl der Firma Zepf und dem Castrol Biolube 100. Später, 1992, stellte Castrol fest, daß 1974 immerhin schon 65% der Ölrückstände bei einem Mischungsverhältnis von 1:50 abbaubar gewesen seien. Heute sollen es 80% Abbaubarkeit innerhalb von etwa drei Wochen sein und zwar bei einem Mischungsverhältnis von 1:100. Auf jeden Fall dürfen wir von den besten Absichten des Ölpro-duzenten ausgehen.
Zwei Drittel aller Zweitakt-Außenbordmotoren werden nach einer Umfrage der Industrie mit synthetischen Ölen betrieben. Das Umweltbewusstsein ist bei Wassersportlern enorm gestiegen, weil die Öl- und Chemie-Verschmutzung unserer Flüße jedem Bootsfahrer geläufig ist. Deshalb sollte ein Mischungsverhältnis von 1:200 keine Utopie mehr sein.
Die meisten modernen Zweitaktmotoren lassen sich mit einem Gemisch von 1:100 betreiben, sofern synthetisches Öl nach dem Einlaufen ständig verwendet wird. 1:100 bringt weniger Ölrückstände in den Auspuff. Deshalb darf man synthetische Öle als notwendigen Fortschritt betrachten. Anderseits drückt jeder Zweitaktmotor noch Restmengen Öl über den seewassergekühlten Auspuff ins Wasser. Die Umweltverschmutzung ist demnach nicht behoben, sondern wird lediglich reduziert.

Zweitakter und Umwelt

Die Umweltbelastung durch Zweitaktmotoren gegenüber Viertaktmotoren lässt sich in jedem Testtank in wenigen Minuten nachweisen. Der Zweitakt-Testtank ist in wesentlich kürzerer Zeit mit Öl und Abgasrückständen versetzt als der Viertaktmotor-Behälter.
Der kanadische und amerikanische Markt reagiert heute extrem sensibel auf jede Art unnötiger Umweltbelastung. Deshalb arbeiten die Außenborder-Hersteller intensiv an Katalysatoren, Auspufffiltersystemen und neuen Öltypen, die sogar eine Mischung von 1:400 zulassen. Im Gegensatz zu früheren Jahren fahren Rennboote heute fast ausschließlich mit synthetischen Ölen.

Ölempfehlung beachten

Die bekannten Motorenfirmen betrachten die von ihnen als Empfehlung genannten Öle als Bestandteil der Garantie. Solange diese gilt, sollte daher das vorgeschriebene Öl auch angewendet werden. Qualitativ besteht allerdings kein messbarer Unterschied zwischen den verschiedenen Marken. Castrol gilt als Lieferant aller synthetischen Zweitakt-öle, die unter verschiedenen Namen von den Motorenherstellern angeboten werden.
Warum synthetische Außenborerdöle in den USA nur ein Bruchteil der hiesigen Preise kosten, liegt bei uns an der recht geringen Liefermenge und der hohen Steuerbelastung. Tatsächlich kostet aber ein Marken-Viertaktöl für Personenwagen in Amerika auch nur etwa ein Viertel des deutschen Preises.

Bei einem Öl bleiben

Zweitakter sollten ihr ganzes Motorleben mit der gleichen Ölsorte betrieben werden. Im Gegensatz zu den Viertaktmotoren unterscheiden sich die Laufeigenschaften beim Wech-

sel von einer zur anderen Benzin-Öl-Sorte durchaus. Davon können beispielsweinse manche frühere Jugoslawien-Urlauber von ihrem Schlauchbooturlaub her ein Lied singen. Der Schwefelgehalt im Benzin ist dort gut doppelt so hoch wie bei uns erlaubt.
Das spürt der sensible Außenbordmotor und reagiert darauf mit einer Leistungsminderung durch ungenügende Verbrennung. Die Leerlaufdüse setzt sich unter Umständen etwas zu. Das Problem lässt sich mit Benzin-Zusätzen lösen. Sogenannte Benzin-Stabilisatoren verbessern die Gemischqualität bei längeren Standzeiten und schlechten Benzinsorten.

Cocktail gefällig?

Der Zaubertrank, der einen Außenbordmotor zum Leben erwecken soll, ist in aller Regel ein bewährtes Mixgetränk und so süffig, wie eben Benzin und Öl nur sein kann.

Zweitakt nur bedingt einfacher

Der Motor, der für seine zu leistende Arbeit nur zwei Takte braucht, galt seinerzeit als außergewöhnliche Systemverbesserung. Aber wie das nicht nur im Leben so ist – Vorzüge gehen immer Hand in Hand mit nun entstehenden Nachteilen.

Der zweitaktende Motor kann – neben unrundem Leerlaufverhalten – nicht die übliche, auch etwas kühlende Umlaufschmierung bieten. Das Kurbelgehäuse muss ohne Ölsumpf und Ölversorgungspumpe bleiben. Es ist schon für die Vorverdichtung des Benzin-Luft-Gemischs reserviert.

Also muss dem Zweitakter das nötige Öl zusammen mit dem Benzin verabreicht werden. Die aufwendigere Getrenntschmierung beginnt erst ab etwa der 6 PS-Klasse (nächstes Kapitel).

Herstellen der Mischung

Das exakte empfohlene Mischungsverhältnis von Öl und Benzin herzustellen, ist bei den winzigen Tankgrößen von meistens knapp zwei Liter eine schwierige Angelegenheit, zumal, wenn das Boot am Steg dümpelt. Bei halbleerem Tank weiß man nie genau, wieviel Kubikzentimeter Öl man nachgießen und mit Normalbenzin auffüllen muss.

Deshalb achtet der erfahrene Bootsführer stets auf eine Vorratshaltung von beispielsweise 10 Liter fertiger Öl-Benzin-Mischung. Bei durchsichtigen Einbautanks lässt sich die Restmenge kontrollieren. Ganz anders bei den üblichen Stahltanks. Oft läuft der Tank beim Befüllen über. Dann besteht akkute Feuergefahr.

Die meisten diesbezüglichen Bootsunfälle geschehen, wenn der Sprit ins Boot läuft oder bei fest eingebauten Tanks das Überlaufrohr in der Backskiste endet. Im Hafen Kirchberg am Bodensee flog aus diesem Grund ein Familienvater mit seinem neuen Sportboot in die Luft.

Wie man mit den prinzipiellen Sicherheitsprobleme umgeht, wurde in Kapitel 6 beschrieben.

Mineralisch oder synthetisch?

Zurück zum richtigen Mischen von Öl und Benzin. Bei den leicht mischbaren synthetischen Ölsorten soll das Öl zuerst in den Tank geschüttet werden. Danach wird Benzin aufgefüllt. Mit den weniger gut mischbaren Ölen auf mineralischer Basis soll zuerst etwa ein Drittel Benzin in den Tank eingefüllt werden. Danach gießt man das Öl ein und füllt mit Benzin auf. Jetzt wird der Tankinhalt kräftig durchgeschüttelt, damit sich Öl und Benzin so intensiv wie möglich vermischen. Bis vor einigen Jahren war dies sogar ein Bestandteil der Garantiebestimmungen. Übervolle Tragetanks blasen über dies Entlüftungs-Öffnung einen feinen

Strahl Benzin heraus. Wenn dieser auf die Kleidung oder ins Boot gelangt, müssten für den Seemann schon die Alarmglocken läuten. Wer jetzt eine brennende Zigarette im Mund hat, kann sich von unserer Erde schon mal verabschieden.
Einbautanks lassen sich nicht schütteln. Deshalb gießt man das Öl gleichzeitig mit dem Benzin in den Tank. Die fertig gemischte Restmenge im Ansaugschlauch und Vergaser sorgt für einen etwa dreiminütigen Fahrbetrieb. In dieser Zeit hat sich der aufgefüllte Tankmit dem Öl ordentlich vermischt.

Haltbarkeit der Mischung

Wie sieht es mit der Alterungsbeständigkeit der Mischung aus? Dafür ein Beispiel aus einer schmerzvollen eigenen Erfahrung mit einer 6 Monate alten Öl-Benzin-Mischung. Nach der Winterpause lief der 25 PS-Außenborder einwandfrei, aber nach einer halben Stunde ließ er keinen Mucks mehr hören. Grund:
Haupt- und Leerlaufdüse waren durch ausgeflocktes Öl hoffnungslos verstopft. Anderes Beispiel: Bei einem fabrikneuen 4 PS-Motor ließ der Werksmechaniker etwa einen halben Liter Mischung im Tank zurück. Drei Monate später lief beim Käufer der Motor zuerst einwandfrei, aber nach 5 Minuten war ebenfalls die Hauptdüse im Vergaser verstopft.
Wer dergleichen nicht selbst erlebt hat, glaubt es kaum. Aber innerhalb von wenigen Wochen kann mineralisches Zweitaktöl in Verbindung mit den Benzin-Additives zu einer gummiähnlichen Masse verklumpen. Synthetische Öle sind mischungsstabiler. Ölexperten halten eine 6-monatige Karenzzeit für realistisch.

Alt und neu verträgt sich nicht

Was passiert mit etwas altem Gemisch im Tank, der mit frischem Kraftstoff aufgefüllt wird? Die alte Mischung wird sich nur unvollständig mit der neuen Ladung mischen und die Ölflocken können die Vergaser- oder Einspritzdüsen zusetzen.
Deshalb sollte vor dem Winterlager der Tank vollständig entleert werden. Clevere Bootsleute fahren den Vergaser vor mehrwöchigen Standzeiten grundsätzlich leer, damit keine Reste im Schwimmergehäuse verbleiben und die Düsen verstopfen. Mit dem Benzin-Absperrhahn lässt sich der Tankinhalt vom Vergaser trennen.
Die restliche Mischung verdaut ein Pkw-Motor in kleinen Dosierungen,sofern das Auto keinen Katalysator hat. Dankbare Abnehmer einer Zweitakt-Mischung sind im Winter die Dieselfahrer. Das richtige Einwintern des Motors wird in Kapitel 28 beschrieben.

Jeder für sich

Die Scheidung läuft schon seit Jahrzehnten und alle Beteiligten haben sie ja auch begrüßt: Nämlich Öl und Benzin dem Zweitakter getrennt zuzuführen. Idee und erste Verwirklichung stammt aus den 50er Jahren. Der spätere Technik-Vorstand von Daimler-Benz, Dr. Hans Scherenberg, entwickelte für den Zweitakter des damaligen Gutbrod Superior 700 eine Benzin-Einspritzung und dafür brauchte er eine getrennte Ölzuführung. Das System war seiner Zeit um 30 Jahre voraus. DKW zog später mit der »Frischölautomatik« nach.

Scheidung mit Zukunft

Der erste Außenbordmotor mit Getrenntschmierung wurde 1980 von Suzuki eingeführt. In wenigen Jahren wird wohl jeder Zweitakt-Außenbordmotor mit Getrenntschmierung wegen der verschärften Umweltgesetze ausgerüstet sein.
Die Getrenntschmierung für Zweitakt-Außenborder vereinfacht den Fahrbetrieb ganz erheblich, fällt doch das umständliche Beimischen von Öl in den Tank weg. Damit sind Fehler beim Auslitern der genauen Menge Öl zur entsprechenden Menge Benzin vermeidbar geworden. Der Motor bezieht die jeweils genau dosierte Ölmenge aus einem separaten Ölbehälter, der meist unter der Motorabdeckung angebracht ist.
Das sich automatisch einstellende Mischungsverhältnis richtet sich nach der Drehzahl, Betriebstemperatur und Belastung. Dabei kann das Mischungsverhältnis zwischen den sehr weitgefassten Grenzen von 1:50 und etwa 1:200 variieren.

Hilfe für den Zweitakter

Die Getrenntschmierung stellt echten und auch notwendigen Fortschritt dar. Sie spart Öl und vermeidet unnötige und schädliche Rückstände und Ablagerungen aus verbrannter und verkoktem Öl sowohl im Motor wie im Auspuffsystem. Ein beträchtlicher Vorteil dabei ist die ja auch angestrebte verringerte Umweltbelastung.

Der Ölbehälter bei Getrenntschmierung an einem Yamaha-Außenborder. Mischungsfehler fallen weg, dieses Schmiersystem spart teures Öl und es verhilft dem Motor zu besserer Leistungsentfaltung bei geringerem Verbrauch. Das nützt auch der Umwelt. Nachteilig ist der höhere technische Aufwand durch die zusätzliche Ölpumpe.

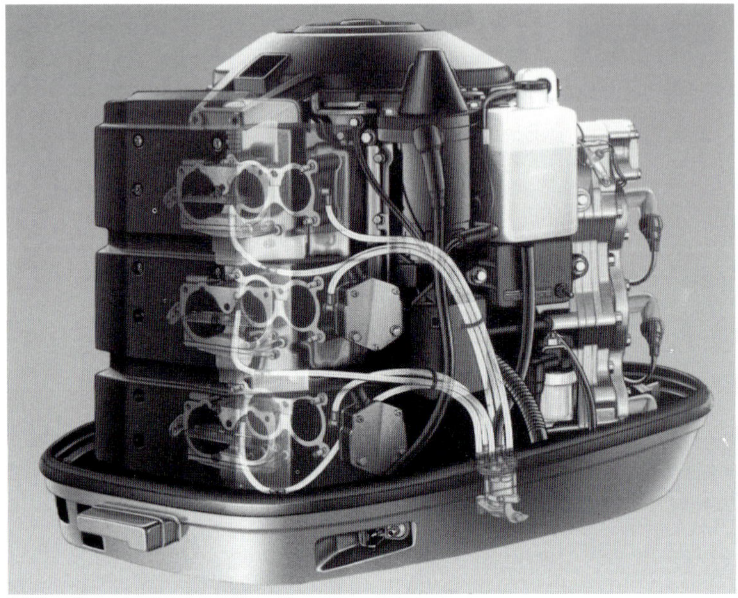

Systemzeichnung eines Yamaha-Motors mit Getrenntschmierung. Die Öleinspritzungskanäle führen vom Ölbehälter über den Benzin-Öl-Mischer in die Vergaser. Bei reduzierter Motorlast wird das Gemisch unter 1:150 abgeregelt. Die Verbrennung ist deutlich sauberer und an den Zündkerzen bilden sich kaum noch Rückstände, die Startprobleme verursachen können.

Die Motorenhersteller verwenden für die Getrenntschmierung unterschiedliche Bezeichnungen, obwohl sie vom Prinzip her alle gleich funktionieren. Das Motoröl wird aus dem Vorratsbehälter mit einer leistungsfähigen Ölpumpe direkt in den schon mit Kraftstoff angereicherten Luftstrom eingespritzt. Der Antrieb der Ölpumpe erfolgt durch die Kurbelwelle. Diese Vorzerstäubung wird auch mit Öleinspritzungbezeichnet.

Mögliche Fehlerquellen

Wenn die Ölpumpe ausfällt, schaltet sich bei den meisten größeren Motoren die Zündung ab. Bei kleineren Maschinen ertönt nur ein Warnton oder ein Blinklicht signalisiert Probleme mit dem Öleinspritz-System.

Diese Warneinrichtungen sind wichtig, denn im Vergleich zum bislang üblichen Beimischen von Öl in Benzin im Tank ergeben sich aus der Getrenntschmierung zusätzliche, nämlich systembedingte Fehlerquellen.

Die Ölpumpe kann ausfallen, die Warneinrichtung versagen oder man hat einfach vergessen, Öl nachzufüllen. Verunreinigungen im Ölbehälter können die Düsen blockieren. Bei jeder noch so gut gelungenen Konstruktion bleibt nun einmal ein Restrisiko und so ist es auch bei diesem Öleinspritz-System.

Ein Seitenblick auf die Fliegerei. Bis auf ganz wenige Viertaktmotoren sind fast alle Ultralight-(UL-) Flugzeuge mit leistungsfähigen Zweitaktmotoren ausgerüstet. Das günstige Leistungsgewicht spricht klar für den Zweitaktmotor. Doch bedeutet ein Motorausfall hier eine besonders bedrohliche Situation. Deshalb sind bis auf ein Exemplar alle bekannten UL-Motoren noch nicht mit der bequemen Getrenntschmierung ausgerüstet. Das Risiko ist den Piloten noch zu groß.

Für den Menschen auf dem Wasser ist die Ausgangsposition bei einem Motorausfall meist weniger gefahrvoll. Deshalb darf man die Getrenntschmierung als eine der sinnvollsten Verbesserungen der letzten Jahre auf diesem Gebiet bezeichnen.

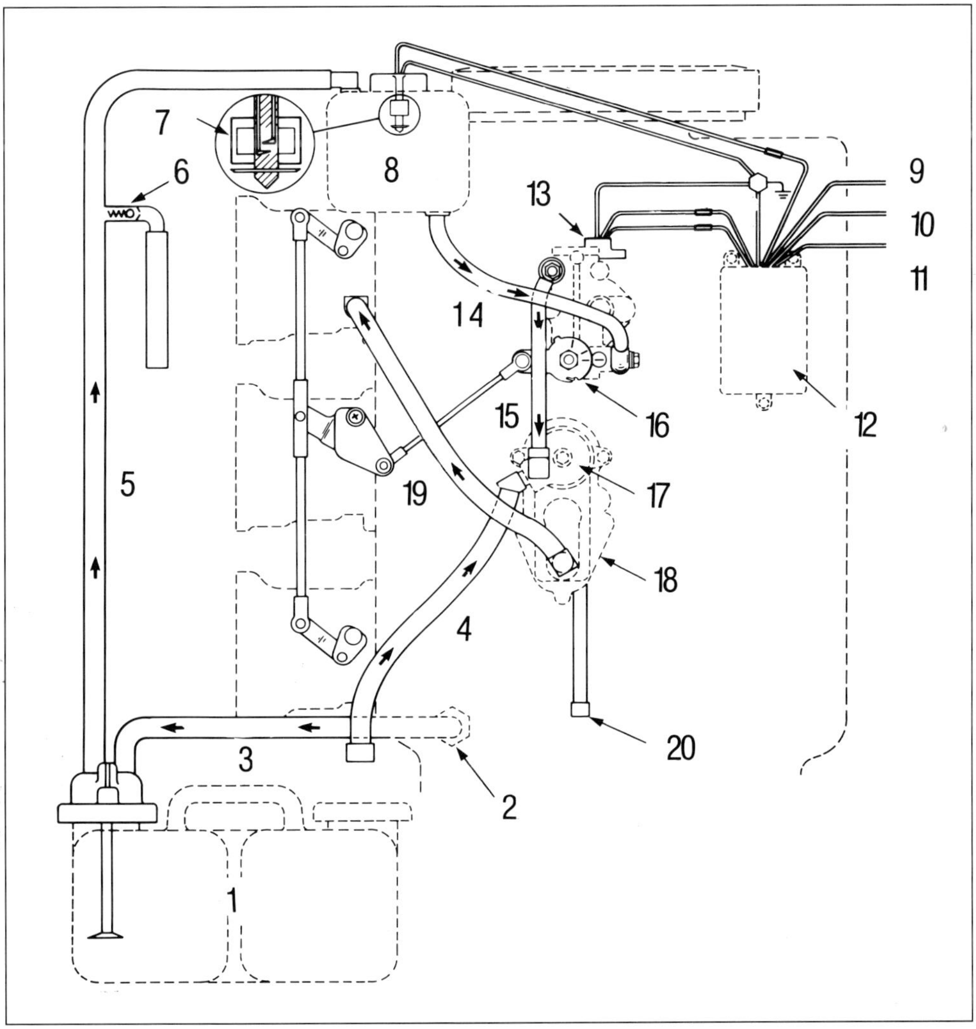

Fließ-Schema einer Getrenntschmierung beim Mariner-Außenborder. Benzin und Öl werden dem Motor getrennt zugeführt.

1 Öltank
2 Kurbelgehäusedruck mit Einwegventil
3 Luftdruck
4 Benzinzufluß
5 Ölzuführung
6 Überdruckventil
7 Magnetschwimmer
8 Ölreserve,
9 zum Zylinderkopf, Temperatursensor
10 Anschluß für 12 Volt
11 zum Schaltkasten,
12 elektrischer Sensor
13 Drehzahl-Sensor
14 Öl
15 Öleinlaß
16 Öleinspritzpumpe
17 Benzin-Öl-Mischer
18 Benzinpumpe
19 Benzin-Öl-Gemisch
20 Kurbelgehäuse-Auslaß

Antrieb der Ölpumpe, mit der bei Getrenntschmierung (Mariner) Öl in die Benzinpumpe gespritzt wird. Dosierung durch eine Verbindungsstange mit der Vergaser-Drosselklappe.
Es bedeuten:
a – Kurbelwelle (Antrieb),
b – Mitnehmer,
c, d und e – Schneckenrad-Antrieb,
f – O-Ringe,
g – Distanzstück,
h – Ölpumpe,
i – Befestigungsbolzen.

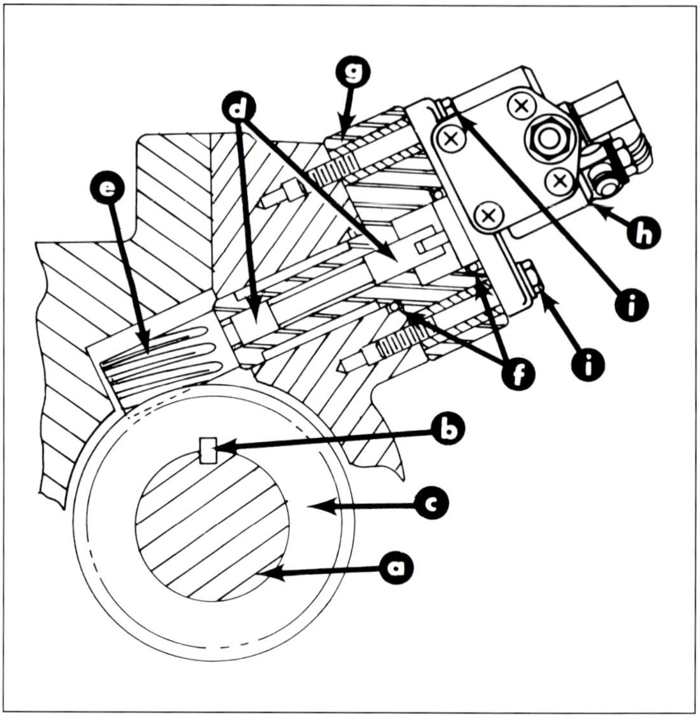

Variables Mischungsverhältnis

Durch die kräftige Zerstäubung des Öls wird die Schmierung in der kritischen Warmlaufphase verbessert. Unter Halblast-Bedingungen ist die Öldosierung relativ mager. Der Öl-, aber auch der Benzinverbrauch ist spürbar geringer als mit der bisherigen Mischung 1:100 ohne Getrenntschmierung.
Unter Vollast braucht jeder Motor etwas mehr Schmierung. Das Verhältnis 1:100 war da oft etwas zu mager. Deshalb regelt die Getrenntschmierung die Mischung kurzfristig auf etwa 1:50 herunter.
Bei Ausfall der Getrenntschmierung kann der Motor kurzfristig mit einer Zweitakt-Mischung von 1:100 betrieben werden.

Gestiegene Laufruhe

Das Zündverhalten verbessert sich bei geringerem Ölanteil spürbar. In Verbindung mit einem elektronischen Zündsystem startet der Motor meist spontan und die größere Laufruhe im normalen Betrieb überzeugt auch manchen Zweitakt-Gegner. Nicht ganz zu Unrecht argumentierte damals die Werbung für DKW-Zweitakter mit der Formel »3 = 6«, wonach drei Zweitakt-Zylinder so laufruhig wie sechs Viertakt-Zylinder sind.

Kleine Erfrischung

Halten wir uns nicht lange damit auf, daß mit rund 3/4 der von einem Verbrennungsmotor erzeugten Wärme der Weltraum geheizt wird. Der kümmerliche Rest steht uns dann für Arbeit und Vergnügen zur Verfügung. Jene Wärme muss ohnehin dem klassischen Verbrennungsmotor ferngehalten werden, sonst macht er Feierabend.

Wasser reichlich vorhanden

Bis auf ganz wenige, sozusagen exotische Exemplare sind heute alle Außenbordmotoren seewassergekühlt. Die jugoslawischen 4 PS-Tomos, die nicht mehr lieferbaren deutschen 2 PS-Solo-Combi-Motoren und die legendären britische Seagull-Triebwerke sind noch mit seewassergekühltem Auspuff und Getriebe und einem luftgekühlten Zylinderkopf versehen.

Auch Luft ist vorhanden

Luftgekühlte Industriemotoren sind die Basis für entsprechend robuste, aber ziemlich rauh laufende Außenbordmotoren. Luftgekühlte Motoren sind notwendigerweise lauter als wassergekühlte Exemplare, weil die Wandstärken geringer sind und der schallisolierende Wassermantel fehlt.
Neben den geringeren Herstellungskosten zählt zumindest für die britischen Seagull-Motoren die Einfachheit der Konstruktion und Wartung. Die Seagull-Triebwerke wurden im Zweiten Weltkrieg für Marine-Einheiten konstruiert und jeder Matrose musste damit umgehen können. Korrodierende Kühlwasserkanäle fallen systembedingt weg und auf die Kühlwasserpumpe nebst Thermostat kann bei luftgekühlten Motoren ebenfalls verzichtet werden. Das wassergekühlte Getriebe wird ohne Kühlwasserpumpe gekühlt.

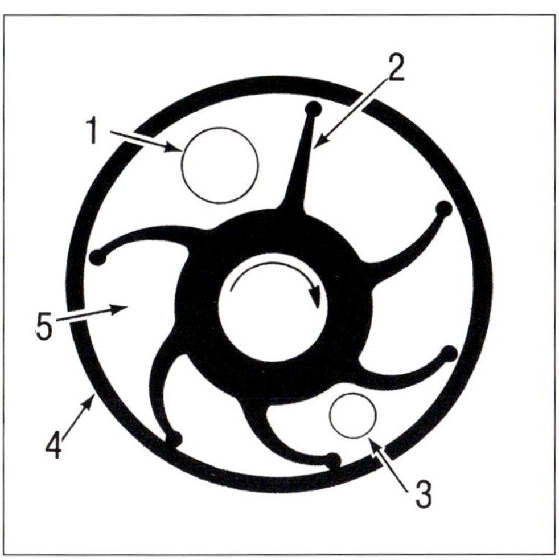

Mit diesem rotierenden Impeller wird Seewasser angesaugt und zur Motorkühlung in den Umlauf gepumpt. 1 – Wassereinlaß, 2 – elastischer Impellerflügel, 3 – Wasserauslaß, 4 – Pumpengehäuse, 5 – durch den Impeller-Umlauf veränderliche Pumpenkammern.

Kühlwasser-Impeller im Trockenlauf bei einer Drehzahl von 2000/min. Nach 30 Sekunden sind die unteren zwei Flügel gebrochen und die Dichtung angeschlagen.

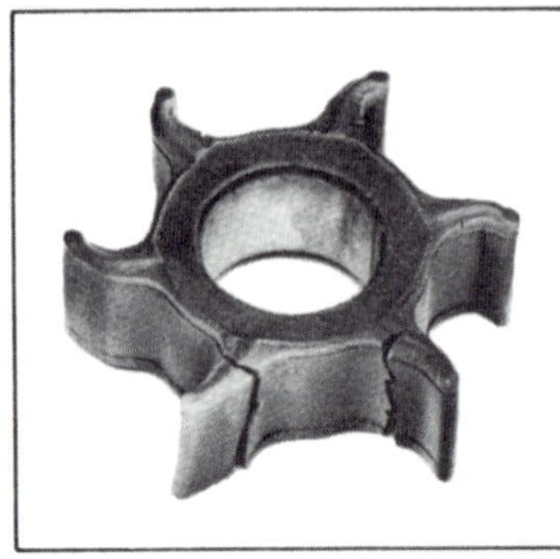

Nach 45 Sekunden Trockenlauf bei 2000/min: Alle Flügel gebrochen und damit wirkungslos. Dichtungen zerstört.

Nach 60 Sekunden totaler Systemausfall. Die Gummireste blockieren eventuell die Kühlwasserkanäle im Motorsystem.

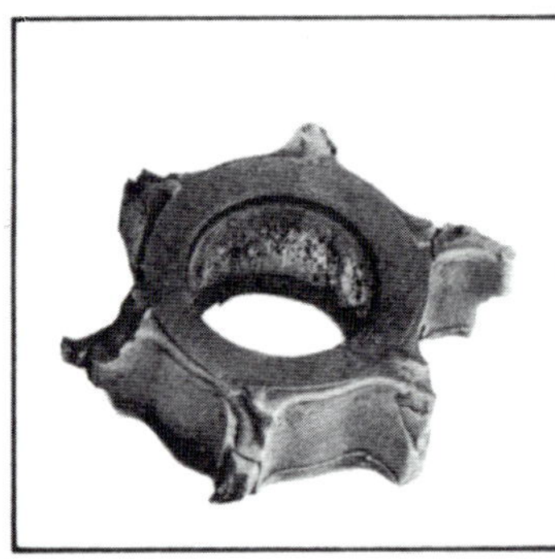

Als Schachtmotor eignen sich luftgekühlte Motoren auf keinen Fall. Außerdem verbrauchen sie etwas mehr und dürfen nie mit einer Öl-Benzin-Mischung von 1:100 gefahren werden. Die thermischen Verhältnisse im Motor verlangen nach einem Gemisch von 1:25. Bis vor wenigen Jahren mussten die britischen Seagulls sogar mit 1:15 betrieben werden.

Standard Wasserkühlung

Die luftgekühlten Seagulls bestehen zwar »nur« aus rund 400 Einzelteilen gegenüber beispielsweise dem wassergekühlten 4 PS-Mercury mit über 500 Teilen. Die wassergekühlten Großserienmotoren aus Japan und USA sind dennoch für fast alle Belange die geeigneten Antriebsquellen.

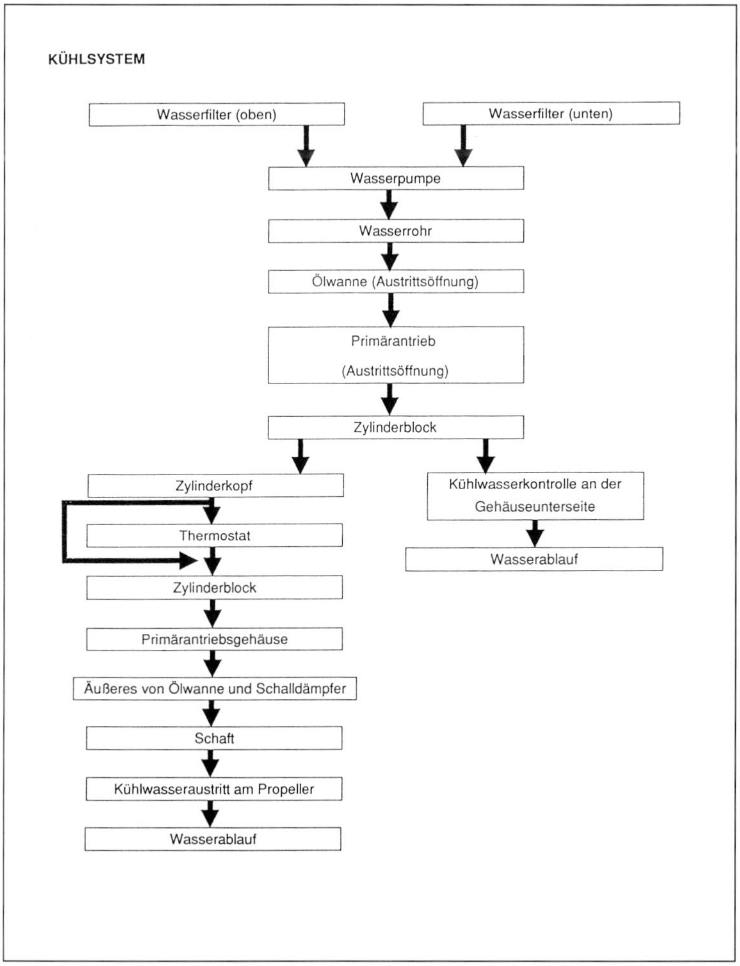

Schema der Fließrichtung im Kühlsystem bei einem Honda-Außenborder, sie gilt im Prinzip auch für andere Motoren.

Die Wasserkühlung garantiert einen ausgeglichenen Wärmehaushalt im Motor und Getriebe, während luftgekühlte Außenborder zum Überhitzen neigen können.
Zwangsgekühlte wassergekühlte Einzylindermotoren, also ohne Thermostat-Regelung und Wasserpumpe (mit »Schaftkühlung«), hinken, technisch gesehen, dem Stand der Technik hinterher. Dennoch sind aus Kostengründen nur wenige Einzylindermotoren der bekannten Hersteller mit einem Thermostat ausgerüstet. Das Vertrauen in die verbesserten Schmieröle scheint grenzenlos zu sein.
Jahrelang verrichten die meisten wassergekühlten Außenbordmotoren zwar klaglos ihren Dienst. Aber unter der Motorhaube arbeitet sich die Korrosion in den Kühlwasserkanälen voran. Aggresives Salzwasser ruiniert jeden Motor. Das leichte Aluminium leidet unter Salzwasser-Einflüssen besonders stark.
Deshalb rüsten die meisten Dieselmotor-Hersteller ihre Innenbordmotoren mit einem separatem Süßwasser-Kühlkreislauf aus. Meerwasser erreicht nur den Wärmetauscher, die eigentlichen Kühlkanäle des Motors bleiben salzwasserfrei gekühlt. Für die Lebensdauer des Motors ist diese Zweikreiskühlung fast ideal. Was stört, sind die zusätzlichen Nebenaggregate und Pumpen für das doppelte Kühlsystem.

Kühlsystem durchspülen

In der Einfachheit liegt oft das Geheimnis für störungsfreien Betrieb. Auch die wassergekühlten Außenborder funktionieren einwandfrei, wenn man bei jeder sich bietenden Gelegenheit das komplette Kühlsystem über einen Süßwasseranschluß durchspült und – bei Salzwasserfahrt – die Salzreste damit beseitigt. Jede Firma hat ihr eigenes Spülungssystem, aber bei allen gilt die Devise: Nach jeder Salzwasserfahrt den Kühlwasser-Kreislauf mit Süßwasser an der Steganlage durchspülen.

Von dieser Süßwasserspülung profitiert auch die Kühlwasserpumpe und der Thermostat. In Pumpe und Thermostat sind Gummi- oder Kunststoff-Teile, die bei Flachwasserbetrieb durch Sandpartikel in wenigen Monaten verschleißen.

Technisch erfahrene Leute ersetzen am Mittelmeer jedes Jahr routinemäsig den Thermostat und den Impeller der Kühlwasserpumpe. Ohne Kühlwasserpumpe überhitzt der Motor auch bei Halbgasfahrt innerhalb von wenigen Minuten. Ein defekter Thermostat kann überbrückt werden. Der Motor läuft dann etwas kühler und verschleißt daher im Dauerbetrieb rascher.

Die nötige Kontrolle

Jeder Motor hat seine besondere Kühlanlage. Die Kontrolle über die richtige Funktion, also den geregelten Durchfluß, liefert in jedem Fall immer das Auge, praktisch also für den Nebenauspuff in der Schaftmitte oder eine Kühlwasseröffnung unterhalb der Motorwanne. Alle paar Minuten sollte der Kühlwasseraustritt während der Fahrt kontrolliert werden. Ein Impeller-Schaden entsteht ohne Vorwarnung und lässt den Motor in wenigen Minuten überhitzen und festgehen.

Gegen die erwähnte, in den Kühlwasserkanälen auftretende Korrosion hilft zwar das regelmäßige Durchspülen mit Süßwasser und der einwandfreie Zustand der Opfer-Anoden. Aber nach etwa zehn Jahren Gebrauch sind die meisten in Salzwasser betriebenen Außenbordmotoren innerlich vom Salzwasser zerfressen. Eine Reparatur lohnt nicht mehr, obwohl Kolben und Zylinder noch für weitere fünf Jahre zu gebrauchen wären.

Hingegen sind zwanzig Jahre alte Seagull-Motoren in schottischen Küstengewässern keine Seltenheit. »Einer reicht fürs Leben«, schrieb ein schottischer Fischer an den Hersteller. Ist das der Grund, weshalb die Firma möglicherweise durch zu geringen Umsatz schon mehrfach den Besitzer wechselte? Wie schon gesagt: Wassergekühlte Motoren herrschen vor.

Elektro-Lager

Schön wär's: Ein großer Tank für elektrischen Strom. Aber leider muss er, wenn er erzeugt wird, gleich verbraucht werden. Speichern lässt er sich allenfalls – und das auch nicht lange – in Batterien, wie wir sie kennen. Forschung und Wissenschaft knacken schon lange an dieser Nuß.
Nehmen wir also die Batterien, wie sie sind. Und so müssen wir leider feststellen, daß im Vergleich zu Auto-Batterien Marine-Batterien – bei größeren Außenbordern – wesentlich stärker belastet werden. Entsprechend kürzer ist im allgemeinen ihre Lebensdauer.

Praktisch mit Handstart

Während Benzin- und Diesel-Innnenbordmotoren beim Starten abhängig von einer gesunden Batterie sind, lassen sich Benzin-Außenbordmotoren bis etwa 10 PS noch mit der Starterleine per Hand starten. Bei Dieselmotoren ist die Abhängigkeit von einer funktionsfähigen Batterie größer. Sie können wegen des Widerstands durch das höhere Verdichtungs-Verhältnis nur bis etwa 15 PS per Hand gestartet werden, wenn die Batterie schlapp macht.

Kein Ladestromregler

Wenn sie sich auch nicht von Hand starten lassen, so sind dafür Diesel- und Benzin-Innenbordmotoren immer mit einem Ladestromregler ausgerüstet. Er verhindert das Überladen der Batterie im Vollgas- Betrieb.
Bei den meisten 2 bis 10 PS starken Außenbordmotoren wird ungeregelter Ladestrom in die Batterie gepumpt. Langfristig leidet darunter jede Batterie. Sie »kocht«. Dabei entweicht über die Entlüftung der Batterie-Verschlüsse explosives Gas.

Elektrostarter sind ab 25 PS kein Luxus. Dieser Yamaha 9.9-Viertaktmotor kann mit Elektro- oder mit Handstart in Trab gebracht werden. Der Handstart schont die Batterie und verhilft zu kräftiger Oberarmmuskulatur.

Eine komplett montierte Handstarteinrichtung wird von Langzeitseglern als sinnvolles Ersatzteil betrachtet. Meist reißt der Startzug am Endknoten im ungünstigen Moment. Das Starterseil besteht aus einem speziell geflochtenen Tauwerkmaterial von hoher Reißfestigkeit.

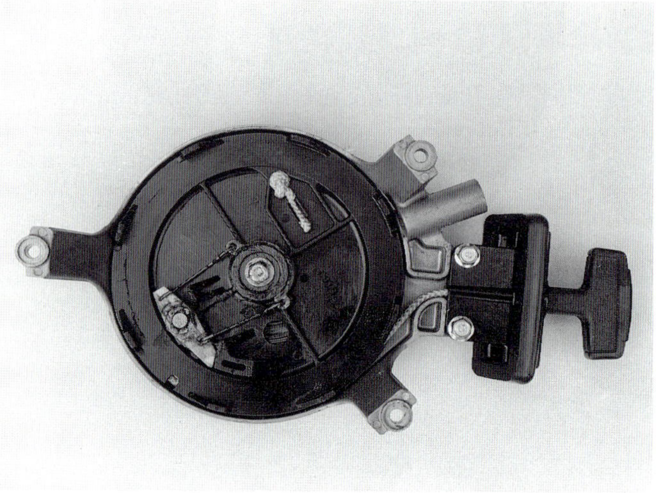

Bei ungeregeltem Ladestrom muss deshalb regelmäsig destilliertes Batteriewasser nachgefüllt werden. Jede Batterie leidet unter der groben Behandlung durch ungeregeltem Ladestrom. Aber eine höhere Batteriekapazität kann die Überladung nur hinauszögern. Sinnvoll ist daher ein zusätzlicher Ladestromregler, wie er noch beschrieben wird.

Wartungsfreie Batterie

Hermetisch abgedichtete Starterbatterien gibt es nicht, obwohl »Wartungsfreie Batterien« als solche angeboten werden. Eine kaum sichtbare Öffnung baut den sich bildenden Gasdruck im Gehäuse ab. Bei Überladung käme es sonst zur Explosion der Batterie.
An sich sind die mit einem Gel gefüllten wartungsfreien Batterien ausgereifte Produkte. Alle amerikanischen Großserien-Autos sind mit diesem Batterie-Typ ausgerüstet. Als zusätzliche Versorgungsbatterien an Bord, so für Funkgerät, Kühlschrank oder nautischen Geräte, sind die kippsicheren, wartungsfreien Batterien sinnvoll.

Die Boots-Batterie

Der hauptsächliche Unterschied zwischen Auto- und Boots-Batterien besteht im Batteriegehäuse. Wegen der harten Schläge bei rauher See müssen Boots-Batterien rüttelfester als Auto-Batterien sein. Der innere Aufbau ist jedoch gleich.
Die meisten Batterie-Hersteller vertreiben die rüttelfesten Bootsbatterien auch als Traktor- oder Taxi-Batterien. Nach unseren Erfahrungen lohnt der Kauf von echten Bootsbatterien nur bei schnellen Gleitbooten, die oft meterlange Sprünge mit brutal harten Aufschlägen vollführen. Als ideale Stoßdämpfung hat sich bei uns PU-Hartschaum in Verbindung mit einem sauber gezimmerten Holzkasten erwiesen.
Die meisten Boots-Batterien sind im Außenborder-Betrieb nach vier bis fünf Jahren Schrott. Auto-Batterien haben die Chance, bei sorgfältiger Wartung und Kontrolle des Ladezustands länger brauchbar zu bleiben.

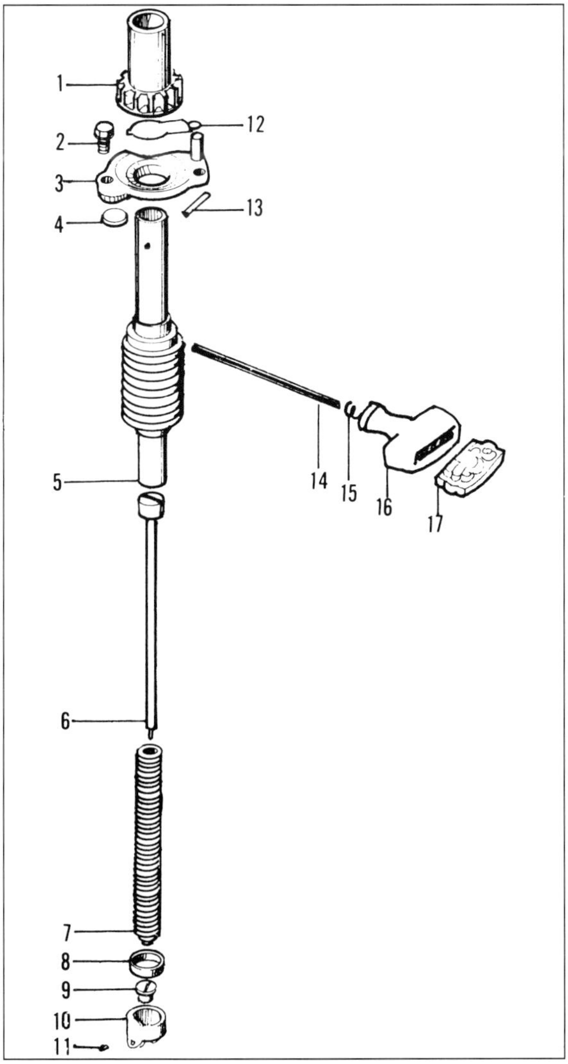

Teile des Handstarters eines 9,5 PS-Außenborders (Mariner).

1 Anlasser-Zahnrad (Ritzel)
2 Schraube
3 Lagerung
4 Dichtung
5 Aufspuler
6 Federhalterung
7 Rückholfeder
8 unteres Lager
9 Schraube
10 untere Federhalterung
11 Unterteil
12 Federring
13 Stift
14 Seil
15 Hülse
16 Griff,
17 Halterung

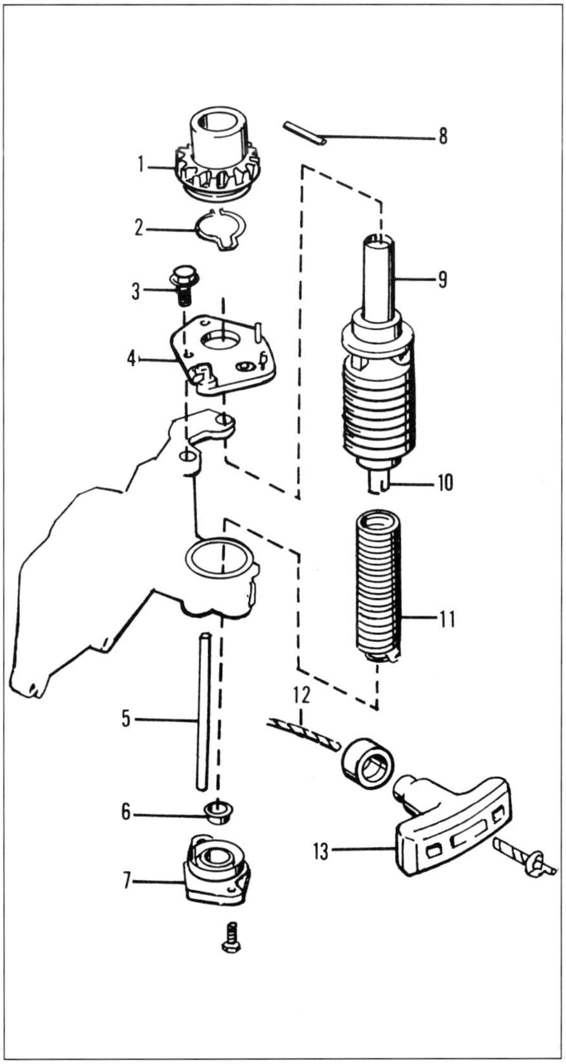

Teile anderer Handstarter von Mariner-Außenbordmotoren.

1 Anlasserritzel
2 Federring
3 Schraube
4 Lagerung
5 Führung
6 Hülse
7 Rückholfeder-Lagerung
8 Stift
9 Aufspuler
10 Schlitz
11 Aufspuler
12 Seil
13 Griff

Hochwertiger Batteriehauptschalter von hinten gesehen. Starter- und Versorgungsbatterie lassen sich getrennt oder zusammen aufladen und vom Stromnetz trennen. Schützt vor Diebstahl und verhindert Kurzschlüsse mit einem daraus resultierenden Brand. Dient der Funktionsfähigkeit von Navigations-Einrichtungen.

Ladegeräte

Jede Bootsausstellung beweist es. Den Batterie-Ladegeräten wird große Aufmerksamkeit geschenkt. Von 40 bis 800 DM für Automatik-Ladegeräte reicht das Angebot. Wer kennt sich da noch aus?
Aber was genau sind Automatikladegeräte? Und wie verhalten sich wartungsfreie Batterien bei ständig angeschlossenem Ladegerät? Droht eine Knallgas-Explosion oder werden die teuren Batterien durchein falsches Ladegerät ruiniert? Fragen, die jeden Skipper beschäftigen.

Ungeregelte Ladegeräte

Grundsätzlich gibt es für jeden Batterie-Typ das passende Ladegerät. Die Geräte-Unterschiede liegen im Aufbereiten des Ladestroms und der Regelung der Ladedauer. Der richtige Begriff für den ladetechnischen Unterschied heißt »Ladekennlinie« der einzelnen Geräte. Die ganz preiswerten sind mit der Ladekennlinie »W« gekennzeichnet. Hier fließt der 12 Volt-Ladestrom/Gleichstrom nahezu konstant in die Batterie. Bei voller Ladung schaltet sich das Gerät nicht selbständig ab. Die Batterie wird überladen.
Ein Dauerbetrieb mit Strom-Steganschluß ist nicht möglich, ohne daß die Batterie Schaden leidet. Bei ungünstigen Bedingungen kann das schon erwähnte explosive Gas (»Knallgas«) entstehen, das sich bei 2.4 Volt je Zelle durch Aufspalten des Wasser-Anteils in der Batterie-Flüssigkeit zu Sauerstoff und Wasserstoff bildet. Beim Herausdrehen der Stöpsel entweicht es schlagartig. Augenverletzungen sind keine Seltenheit bei ungeregelten Ladegeräten. Deshalb ist bei Arbeiten mit der Batterie eine Schutzbrille zu tragen, auch Handschuhe sind sinnvoll.

Überwachung nötig

Ungeregeltes Laden durch Batterie-Ladegeräte der Kennlinie »W« muß unter Kontrolle bleiben. Sie eignen sich nur für ein kurzzeitiges Nachladen von konventionellen Batterien mit Verschlußstöpseln. Wartungsfreie Batterien sind dabei durch den nie genau kontrollierbaren Ladezustand ernsthaft gefährdet. Das Säure-Gel verdunstet und die Batterie ist ruiniert.

Bedingt kontrolliertes Laden

Automatisch kontrolliertes Laden ist mit den Geräten der Kennlinie »Wa« möglich. Die Kosten liegen zwischen 70 und 100 DM. Diese Geräte pumpen bis kurz vor der Gasungsspannung ungeregelten Ladestrom in die Zellen. Beim Erreichen der Gasungsspannung schaltet das Gerät automatisch ab. Deshalb die Bezeichnung »Wa«. Ein Überladen der Batterie wird mit diesen Ladegeräten verhindert.
Für einen Dauerbetrieb am Steg sind diese Geräte dennoch nicht geeignet. Weil jede Batterie sich je nach Typ, Zustand und Alter mit 0.1 bis 1.0 Prozent je Tag selbst entladet, schalten sich die Wa-Ladegeräte nicht selbstständig wieder ein, wenn die Batterie an Spannungverliert. Trotz angeschlossenem Ladegerät kann sich also die Batterie nach einigen Tagen oder Wochen still entladen.
Da können unerfreuliche Überraschungen entstehen. Denn viele elektronische Geräte an Bord verlangen für ihre Memory-Funktionen nach etwas Strom, etwa eine Zeituhr, Alarmanlage, Stand by-Schaltungen von Navigations-Instrumenten, vielleicht auch ein Fernsehgerät oder Videorekorder. Die Batterie liefert die Ministröme dafür und entlädt sich dabei nach und nach.
Solar-Module verhindern diese schleichende Selbstentladung der Batterie ideal. Mehr darüber im folgenden Kapitel.

Automatik-Ladegeräte

Ab etwa 150 DM kosten Automatik-Ladegeräte der Kennlinie »Wae«. Bei diesen Geräten erfolgt die Ladung wie bei den zuvor genannten Geräten. Beim Erreichen der Gasungsspannung wird abgeschaltet. Beim Absinken der Batteriespannung auf etwa 10.5 Volt schaltet sich jedoch das Gerät wieder selbständig ein und lädt wieder bis zur Gasungsspannung auf.

Diese amerikanische Spezialbatterie ist leichter und leistungsfähiger als die üblichen Bordbatterien. Der Haken an der Sache ist die von den üblichen Batteriegrößen abweichende Form und die doppelt so teure Anschaffung. Tip: Bekannte Markenbatterien verwenden und routinemäßig etwa alle 3 Jahre auswechseln.

Cockpit made in USA. So lieben es die Amerikaner. Die meisten europäischen Wassersportler mit weniger Geld in der Tasche begnügen sich mit einem Drehzahlmesser, Batteriemeßgerät. Betriebsstundenzähler und einem Tankmeßgerät.

Dieser Ladezyklus funktioniert einwandfrei. Ein Dauerbetrieb an der Steganlage ist somit kein Problem. Bosch, Varta, Hella und andere Hersteller bauen diese guten Mittelklasse-Geräte.

Ein Nachteil fällt kaum auf, dennoch verkürzt er die Lebensdauer jeder Batterie. Die maximale Aufladung wird mit den Wae-Geräten nie ganz erreicht. Dies schaffen nur Geräte der »IWu«-Kennlinie. Hier wird der Ladestrom ähnlich einer Auto-Lichtmaschine aufbereitet. Zuerst fließt ein kräftiger Ladestrom und damit eine rasche Teilladung. Anschließend folgt eine ständig abnehmende Nachladung mit geringem Ladestrom, der bei maximalem Ladezustand auf Null zurückgeht. Ein Überladung ist nicht möglich. Diese Geräte kosten zwischen 300 und 800 DM.

Die Kombination eines bewährten Automatik-Ladegerät der Kennlinie »Wae« für die Steganlage und einem zusätzlichen Solargenerator auch für unterwegs dürfte für die meisten Motorbootfahrer und Segler eine wirtschaftlich akzeptable Lösung sein.

Ungenügende Nachladung

Die meisten Außenbordmotoren liefern maximal 100 Watt Ladestrom für die Batterien. Rechnet man mit einer durchschnittlichen Nachladungvon 40 Watt bei Halbgas-Stellung, stehen lediglich 3.3 Ampère je Stunde Motorfahrt zur Verfügung. Eine Kühlbox zm Beispiel verbraucht schon etwa 4 Ampère. Die Batterie wird trotz rascher Fahrt langsam, aber sicher entladen. Dies ist einer der generellen Schwachpunkte bei allen bekannten Außenbordmotoren bis 35 PS.

Eine 7 Meter lange Segelyacht wird in der Regel aus Gewichtsgründen mit einem 6 bis 8 PS starken Außenborder motorisiert. Kraft steht genügend zur Verfügung, aber die Stromrechnung geht nicht auf. Der schmucke Seekreuzer wird allenfalls zu einem Drittel der Fahrzeit unter Motor gefahren.

In 24 Stunden saugen eine Kühlbox, ein Radiogerät, Instrumente oder Beleuchtung mindestens 6 Ampère stündlich aus der Batterie. In 24 Stunden sind das 144 Ampère. Selbst bei einer angenommenen achtstündigen Motorfahrt würde die Stromrechnung sich nur um 26.4 Ampère verbessern (8 Stunden × 3.3 Ampère Ladestrom). Verbleibt ein Stromverbrauch von 117.6 Ampère. Die Batterie leidet darunter.

Die meisten Trailerboote dieser Größe sind mit zwei Batterien je 86 Ah (Ampèrestunden) ausgerüstet (Gesamtkapazität 172 Ampère). Bei einer mehr als 50 prozentigen Entladung sinkt die Batterielebensdauer rapide ab. Eine wirkungsvolle Nachladung ist beim Gebrauch eines Stromverbrauchers wie einer elektrischen Kühlbox unumgänglich.
Die meisten Trailerboote werden deshalb, sofern möglich, abends an die Stegsteckdose angeschlossen. Das bordeigene Batterieladegerät sorgt dann für eine kontrollierte Nachladung.

Andere Nachladung

Viele Eigner kleinerer Boote verlassen wegen der problematischen Stromversorgung nur für wenige Stunden die heimatliche Steganlage und versäumen dadurch die schönsten Erlebnisse auf dem Wasser. Nichts macht so viel Spaß wie das Aufsuchen neuer Reviere. Der Abhängigkeit von der unzureichenden Stromversorgung durch eine Lade-Einrichtung wie die Außenborder-Lichtspule mit ihrem ungeregelten Ladestrom lässt sich mit verschiedenen Mitteln begegnen:

- Größere Batteriekapazität
- Kühlbox mit Kältespeicher verwenden
- Solar-Generatoren einbauen
- Wind-Generator am Ankerplatz montieren
- Kleines Notstromaggregat mitnehmen

Zusätzliche Batterien?

Drei statt zwei Batterien sind gewiss sinnvoll, sofern der Bootstyp dazu geeignet ist. Aber ein relativ leichtes Boot verträgt keine zwanzig Kilogramm mehr Gewicht, ohne daß die Fahrtleistung spürbar absinkt. Mit einer größeren Batteriekapazität von etwa 200 Ampère kann eine verbrauchsoptimierte Kühlbox mit Kältespeicher nach unserer Erfahrung für durchschnittlich drei Tage ohne Nachladen durch Landstrom in Betrieb bleiben.
Zu den besten Kühlboxen zählen die Schwingkompressoren-Boxen mit Kältespeicher von Engel. Bei anderen Kühlboxen informiere man sich darüber, wie weit sie tatsächlich herunterkühlen können, zumal bei hochsommerlichen Temperaturen.
Immer mehr setzen sich Solar-Generatoren durch. Mehr über diese und über Wind-Generatoren im nächsten Kapitel.

Strom-Aggregate

Ein kleines Notstrom-Aggregat, so von Honda oder Yamaha, macht durchaus Sinn, sofern der zusätzliche Wartungsaufwand einkalkuliert wird. Mit der Entfernung durch ein etwa 30 Meter langes Stromkabels lässt sich das Motorgeräusch – falls es andere nicht belästigt – für einige Zeit ertragen.
Dennoch haben Notstrom-Aggregate für eine regelmäßige Batterieladung wegen des großen Aufwands wenig Sinn. Immerhin, 5 bis 12 Ampère Leistung können sich sehen lassen. Für PS-starke Motorboote ist ein Notstrom-Aggregat jedoch oft die letzte Möglichkeit, eine leere Batterie aufzuladen.

Strom von oben

Die Natur bietet uns Energie in Hülle und Fülle. Mit unserem Wohnplaneten Erde haben wir jedenfalls eine glückliche Hand gehabt. Er kreist nicht zu fern, aber auch nicht zu nahe um die Sonne. Deren Wärme lässt sich vielfach und nutzbringend verwerten, so auch mit Solar-Zellen, -Module oder -Generatoren. Sie wandeln durch die sogenannte Photovoltaik Sonnenwärme Strom.
Auch die Kraft des Windes lässt sich nutzen. Und Wärme hält sich für uns auch unter unseren Fußsohlen bereit, denn wir leben ja rund um flüssige Glutmasse. Aber auch davon will die Energiewirtschaft noch nicht viel wissen.

Sonnen-Energie

Was uns hier interessiert: Wie geht man an Bord mit dem Strom aus der Sonne um? Schauen wir uns die besagten Solarzellen näher an.
Hat man die Solar-Module erst einmal angeschafft – billig sind sie nicht –, wird Strom kostenlos geliefert. Sie sind wartungsfrei, geräuschlos und können bei rund 20 Jahren Nutzungsdauer durchaus rentabel sein.

Flexibler Solargenerator. Nur etwa halb so leistungsstark wie starre Silizium-Generatoren. Gerundete Decksflächen lassen sich mit den flexiblen Generatoren passgenau fest oder wegnehmbar auslegen. Auch für Relingskleider sind die flexiblen Generatoren ideal. Neben Standardgrößen sind genau auf Maß »geschneiderte« Modelle lieferbar.

Langfristig macht sich ein Solargenerator auf einer Kajütsegelyacht immer bezahlt. Die Batterie wird schonend aufgeladen und mit dem Regler auf dem bestmöglichen Ladezustand gehalten. Das Diebstahlrisiko und die nicht ganz einfache Anbringung der Anlage sind Probleme, die jeder für sich lösen muss.

Die Anschaffung lohnt sich eher bei Langfahrten fern von einer Küste. Nachteilig ist die vorläufig noch geringe Leistung und der Bedarf großer Flächen, um die Solar-Zellen unterzubringen. Problematisch ist auch die Ladekontrolle der aufzuladenden Batterien, sofern kein Laderegler eingebaut ist.

Silizium-Zellen

Der Rohstoff ist Sand, der in vielen Reinigungsstufen zu hochwertigem Silizium verarbeitet wird. Die Oberschicht ist blau bis blaugrau. Die Tafeln lassen sich nur geringfügig biegen, doch gibt es hier schon Verbesserungen.
Der Wirkungsgrad liegt bei etwa 11%, doch wurde er schon in Labor-Versuchen und in der Raumfahrt bis auf 18% erhöht. Zu den großen Herstellern gehören Solarex, Arco-Solar/ Siemens und AEG. Als neues Ausgangsmaterial ist Pyrit dazugekommen. Es kann zu einer Folie verarbeitet werden, ist elastisch und wird wie ein Teppich in beliebiger Größe gefertigt.

Solar-Matten

Aus einem Produkt wie Pyrit stellen amerikanische Segelmacher Persenninge, Sonnensegel oder Relingsverkleidungen her. Allerdings liegt der Wirkungsgrad dieser Folien nur bei 3 bis 5%, also nur knapp die Hälfte der in Deutschland mehr gebräuchlichen kristallinen Solar-Zellen.

Die praktische Seite

Um 1 Ampère zu gewinnen, muss man den Gegenwert von etwa 400 DM an Solar-Zellen erwerben. Allerdings reichen in der Regel 2 Ampère für kleine bis mittlere Wasserfahrzeuge aus. Doch muss eine Fläche von etwa 1 Quadratmeter gefunden werden.
Die Solar-Module von AEG, Arco-Siemens oder Solarex sind nach uneren Erfahrungen mit Bordschuhen begehbar. Vermeiden sollte man es trotzdem, zumal kaum Rutschfestigkeit gegeben ist.
Ein rund 150 DM teures 6 Watt- oder 0,5 Ah-Solar-Modul kann bei 1 bis 1 1/2 Ampère Ladestrom je Tag 30 Ah (Ampèr-Stunden) monatlich liefern. Eine immerhin 120 Ah große Batterie wird damit auch unter weniger günstigen Witterungsverhältnissen gut aufgeladen, sofern kein Strom der Batterie entnommen wird.
Das 0,5 Ampère-Solar-Modul kann z. B. die Selbstentladung der Starterbatterie verhindern. Einen noch besseren Nutzeffekt erzielen aber erst Solar-Module von 1 bis 2 Ah Leistung. Damit können Starter- und Versorgungsbatterien bis etwa 240 Ah Leistung vor Selbstentladung bewahrt werden. Dann steht immer noch zusätzlicher Batterie-Strom zur Verfügung.

Ladestrom-Regelung

Ohne Regelung kann man eine an »Sonnenstrom« angeschlossene Batterie nicht lassen. Sie würde, wenn die Überwachung fehlt, bis zum irreparablem Schaden überladen werden.
Solar-Laderegler sind in der einfachen Ausführung ab etwa 50 DM zu erhalten. Ein vollautomatisches Gerät kostet etwa das Dreifache, ist aber für Solarmodule zu empfehlen, für die es auch spezielle Ausführungen gibt.

Windgeneratoren sind den Solargeneratoren von der Leistung her deutlich überlegen. Das Kosten-Nutzenverhältnis ist etwa doppelt so gut wie bei Solargeneratoren. 4 Beaufort Wind ergeben mindestens 4–5 Ampère Ladestrom bei diesem Generator. Der Nachteil ist die platzraubende Montage auf kleinen Yachten.

Ohne den geeigneten Solargeneratoren-Regler arbeitet die Anlage nicht optimal. Der Solargenerator wird kleinere Batterie überladen. Dieser Regler stoppt die Ladestromzufuhr bei einer Batteriespannung von 14.4 Volt automatisch ab.

Entladeschutz-Diode

Ohne diese würde der Strom wieder nachts zum Solarmodul »zurückfließen«. Entladeschutz-Dioden sorgen dafür, daß der gewonnene Strom in der Batterie bleibt. Es gibt sie passend zur jeweiligen Leistungsklasse des Solarmoduls. Die Diode wird in das Plus-Zuleitungskabel zwischen Modul und Batterie eingelötet.

Wind-Generatoren

Wind-Generatoren sind die stärksten Stromlieferanten, aber die Anbringung auf kleineren Booten ist nicht einfach. Vorteilhaft ist auch hier der kostenlose Strom zur Batterie-Versorgung, das günstigere Preis-Leistungs-Verhältnis als bei Solar-Anlagen und die einfache optische Kontrolle der Funktion.
Nachteilig sind das freilich leise Dauergeräusch, ein Unfallrisiko durch abbrechende Blätter, die umständliche Anbringung und die noch nicht sehr hohe Lebensdauer im Vergleich zu den Solar-Generatoren. Ob man mit mehr Sonne oder mit mehr Wind rechnen kann, kommt wohl ganz auf das jeweils bevorzugte Seegebiet an.
Nach unseren mehrjährigen Erfahrungen ist die britische Anlage von Sunset Elektronic besonders leistungsfähig und robust. Selbst der große Sturm von 1990, bei dem deutschen Wälder großen Schaden nahmen, überlebte dieser Windgenerator ohne Schaden.
Bei vier Windstärken kann ein Wind-Generator etwa 4 bis 5 Ampère Ladestrom liefern. Ohne einen eingebauten Laderegler würden auch hier alle Batterien in wenigen Tagen »kochen«. Windgeneratoren eignen sich besonders gut am Ankerplatz. Der Wind richtet den Generator immer optimal zur Windrichtung aus.

Feuerwerk

Der Außenbordmotorisierte ist gewiss ein Seefahrer. Aber darf man mit einem Auto Landfahrer genannt werden? Wohl kaum. Bleiben wir vorsichtshalber beim bewährten Begriff Autofahrer. Und als solcher kennt sicher mancher Seefahrer dieses Geräusch: Der Motor »klingelt« beim Beschleunigen. Bei den Außenborder-Zweitaktern übertönen oft die Geräusche von Motor und Wasser jene des schädlichen Klingelns.
Es sind »harte« Zündungen vor dem eigentlichen Zündzeitpunkt in den Brennräumen der Motorzylinder. Darunter leiden Kolben- und Kolbenringe sowie die Kurbelwellenlager. Auf Dauer kann auch die Zylinderkopf-Dichtung durchbrennen.

Yamaha-9.9-Viertaktmotor. Die elektronische Zündung liefert einen Hochspannungs-Zündfunken, der den Start erheblich erleichtert und zu einer sparsamen Verbrennung verhilft. Reparaturen an dieser Zündanlage sind nur durch Fachbetriebe möglich, die über entsprechende Meßgeräte verfügen.

Springt der Motor nicht an, sind oft die feuchtigkeitsempfindlichen Leitungen und Kontakte die Ursache für die Störung. Durchsichtige Kunstoffhüllen erleichtern die optische Kontrolle der Kabelverbindungen und verhindern Knickstellen.

Obwohl Suzuki nicht der Marktführer unter den japanischen Außenborder-Firmen ist, überzeugt dieser Hersteller durch seine Ideen. Die sinnvolle Getrenntschmierung wird dort auch bei kleinen 10 PS-Motoren angeboten. Die verbrauchsgünstige Schubabschaltung ist bei den über 200 PS starken V6-Modellen serienmäßig. Der 70 PS-Dreizylinder-Motor (Bild) ist mit einer computergesteuerten Zündanlage ausgerüstet.

Klingel-Ursachen

Für Fehlzündungen wie diese gibt es verschiedene Ursachen:

- Zündzeitpunkt-Einstellung nicht korrekt
- Benzinqualität zu niedrigoktanig
- Propeller dreht zu hoch: Über maximal erlaubte Drehzahl
- Benzin-Luft-Gemisch zu mager bei Vollgas
- Zündkerzen-Wärmewert zu hoch, Elektroden-Abstand nicht korrekt
- Motorkühlung nicht ausreichend, z. B. durch verstopfte Eintrittskanäle
- Ablagerungen im Auspuffsystem
- Zu hohe Kompression durch Ablagerungen im Brennraum

Fehlzündungen sollten keinesfalls ignoriert werden. Meistens liegt das Problem an zu schlechtem Benzin und falscher Zündeinstellung. Allerdings ist der Zündzeitpunkt in der Regel vom Hersteller fest vorgegeben und kann nicht mehr verstellt werden. Zumindest ist bei den elektronisch wirkenden Zündsystemen die Fachwerkstatt zuständig geworden. Auch die Selbstdemontage von Motorteilen ist bei den meisten Außenbordern kaum noch zu empfehlen, weil dazu in der Regel Spezialwerkzeug und viel Fachwissen nötig ist.

Verschiedene Zündsysteme

Um sich bei Wartungsarbeiten oder bei Störungen helfen zu können, sollte man wissen, nach welchem System bei seinem eigenen Außenborder der notwendige Zündfunken entsteht. Da gibt es einige Unterschiede.

Bei den meisten kleinen Außenbordmotoren erfolgt die Zündung über ein Magnet-System. Es ist nötig, weil in diesem Fall in in der Regel keine außenliegende Stromquelle, wie z. B. eine Batterie, vorhanden ist, um den erforderlichen Funken zu erzeugen.

Das Magnet-System kommt sowohl bei Einzylinder- wie bei Zweizylindermotoren zur Anwendung und arbeitet meist nach dem Schwungrad-Prinzip. Dagegen sind Drei- und Vierzylinder-Motoren mit einem Verteiler-Magneten ausgerüstet oder sie arbeiten mit einem Batterie-Zündsystem.

Ob es sich um Magnet- oder Batterie-System handelt – das Ziel ist das gleiche: Zum richtigen Zündzeitpunkt Erzeugung einer elektrischen Hochspannungsenergie, die zwischen den Kerzen-Elektroden überspringt und damit den erforderlichen Zündfunken liefert.

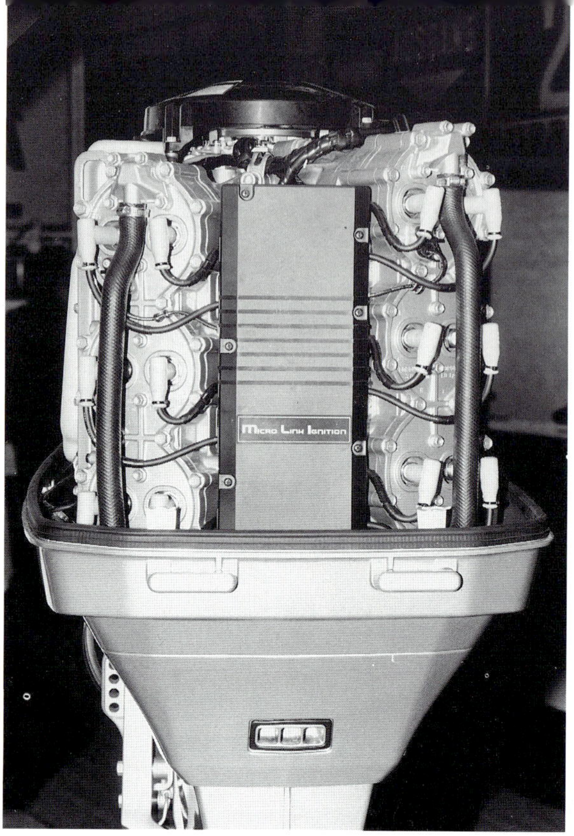

Yamaha-Dreizylinder mit einer eigenen Zündspule pro Zylinder. Gummiummantelte, optimal wasserdichte Ausführung. Beim Sechszylinder-Suzuki-Motor mit jeweils zwei Zündkerzen je Zylinder (Doppelzündung) wird der Zündfunken über einen Microprozessor gesteuert. Kein Fall für Selbsthelfer.

Die Magnetzündung

Die Erzeugung des Zündfunkens basiert hier auf einer wechselseitigen Beziehung zwischen Magnetismus und Elektrizität. Wird ein Draht so durch ein Magnetfeld bewegt, daß er die Kraftlinien schneidet, entsteht in diesem Draht ein Strom (»Induktion«), der den dazugehörigen elektrischen Stromkreis durchfließt.

Wir können den Draht zu einer Spule wickeln, dann vergrößert sich die von uns so erzeugte Strommenge proportional zur Anzahl der Windungen in dieser Spule. Der Strom verhält sich auch direkt proportional zur Geschwindigkeit, mit der die Spule durch das Magnetfeld bewegt wird.

Der Magnet kann aus einem rotierenden Dauermagneten bestehen, wie er meist bei Einzylinder-Motoren eingesetzt wird. Deshalb auch der Name Schwungrad-Magnetzündung. Bei dieser Anordnung befindet sich oberhalb eines Eisenkerns im Kreis des Magneten eine Spule, bestehend aus Primär- und Sekundärwicklung. Paralell zur Primärwicklung ist ein Satz Unterbrecherkontakte geschaltet und ein Kondensator ist paralell zu den Kontakten angeordnet. Die Sekundärwicklung besteht aus weit mehr Windungen aus feinem Draht als die Primärwicklung und ist über Hochspannungs-Zündkabel mit den Zündkerzen verbunden.

Durch Drehen des Schwungrads entsteht im Eisenkern und den Spulenwicklungen ein Magnetfeld schwankender Stärke. Dadurch wird eine Spannung in der Primärwicklung »induziert« und ein Stromfluß entsteht.

Die Unterbrecherkontakte sind so eingestellt, daß sie bei der maximalen Stromstärke

öffnen. Das unterbricht den Primärstromkreis sowie den Stromfluß. Dadurch bricht das Magnetfeld rund um die Spule zusammen und es kommt zur Richtungsumkehr. Der Kondensator unterstützt diese Strömungsumkehr. Zu diesem Zeitpunkt wird eine Hochspannung in der Sekundärwicklung der Spule induziert. Diese Spannung bewirkt dann eine elektrische Entladung oder einen Funkenüberschlag zwischen den Elektroden der Zündkerze.
Außenbordmotoren mit Magnet-Zündsystem können wahlweise mit Handstartseil oder einem batteriebetriebenen Anlasser gestartet werden.

Hochspannungs-Kondensator-Zündung (HKZ)

Zündsystem mit »fremder« Stromquelle, also die Batterie-Zündsysteme, sind meistens als Transistor-Zündsysteme bekannt, wie die Hochspannungs-Kondensator-Zündung, kurz HKZ, genannt wird (CD-Zündung). Neuere Außenbordmotoren sind fast durchweg mit diesem Zündsystem ausgerüstet. Das altbekannte, selbsttätige Einstellen oder Verändern des Zündzeitpunktes entfällt.
Bei dieser Anlage wird ein Kondensator durch direkte Stromzufuhr aufgeladen. Ein elektrischer Oszillator, Transformator oder Gleichrichter liefert dabei 150–250 V Gleichstrom. Ein elektrischer Schalter wird durch die Kontakte, einen magnetischen Impulsgeber oder eine Photozelle, betätigt und der Stromkreis vom Kondensator zu Spule geschlossen.
HKZ-Anlagen besitzen eine kurze »steile« Anstiegszeit. Diese ist erforderlich, damit das Zündsystem den höchsten Spannungs- oder Energie-Pegel erreicht. Die Anstiegszeit von herkömmlichen Zündsystemen liegt zwischen 50 und 125 Mikrosekunden (Millionstelsekunden) während HKZ-Anlagen eine Anstiegszeit von nur 2 Mikrosekunden aufweisen.
Bei einer solch kurzen Anstiegszeit erreicht die Spanung in wenigen Mikrosekunden den Spitzenwert, es kommt zur Zündung und die Spannung sinkt auf Null ab, lange bevor ein herkömmliches System die Zündspannug erreicht haben würde.
Zu den Vorteilen der HKZ-Zündanlagen zählt auch die Fähigkeit, bei verschmutzten Kerzen-Elektroden noch »durchzuschlagen«. HKZ ist ideal für alle Motoren, ob sie im Zwei- oder Viertakt arbeiten und deshalb sind heute auch alle modernen Mehrzylinder-Außenbordmotoren damit ausgerüstet.

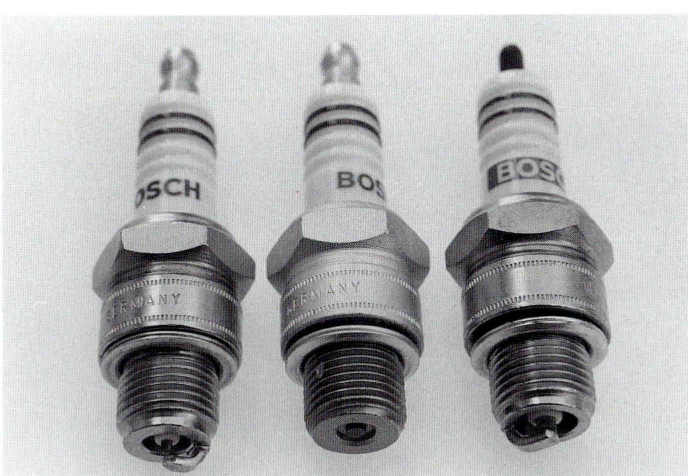

Drei verschiedene Zündkerzen (Bosch) mit dem gleichen Wärmewert. Schon aus Garantiegründen sollte man sich an die Werksangaben halten. Trotz gleicher Wärmewerte kann der hochbelastete Außenbordmotor mit der falschen Kerze überhitzen. Durchgebrannte Zylinderköpfe sind meist eine Folge falscher Kerzen. Startprobleme sind häufig auf schmutzige, defekte oder falsche Kerzen zurückzuführen.

Drei Kerzenbilder zum Nachdenken. Zündkerzen müssen nach Vorschrift routinemäßig gegen neue ausgetauscht werden. Falsche Sparsamkeit zeigt das erste Bild. Die Elektroden sind extrem stark abgebrannt: Die Folgen sind hoher Benzinverbrauch und schlechte Starteigenschaften. Beim mittleren Bild zeigen sich deutliche Überhitzungserscheinungen. Die hellen Ablagerungen sind klare Zeichen für zu mageres Gemisch oder nicht geeignete Zündkerze mit falschem Wärmewert. Zu fettes Gemisch signalisiert die völlig verölte Zündkerze, unteres Bild.

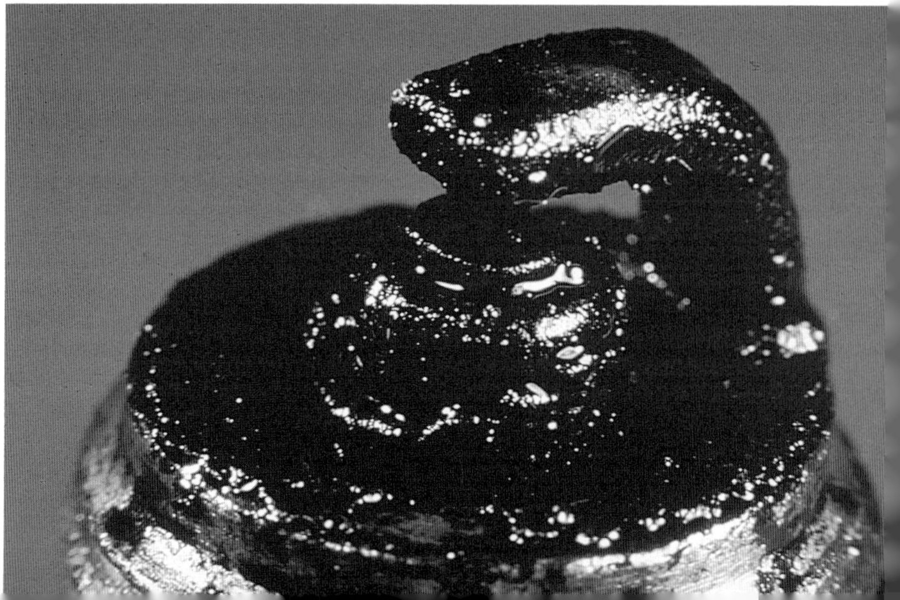

		SUPER	mm	PLATIN	mm	SILBER	mm
XP 150	09.84-	**W 4 AC**	0,7	**W 4 AP**	0,7	**W 4 AS**	0,6
2.6 XP	09.84-	**W 4 AC**	0,7	**W 4 AP**	0,7	**W 4 AS**	0,6
2,0 PS	09.84-	**WR 7 EC**	0,8				
3.6 XP	09.84-	**W 2 AC**	1,0			**W 2 AS**	1,0
4,0 PS	09.84-	**W 4 AC**	0,8	**W 4 AP**	0,8	**W 4 AS**	0,8
4,5 PS	09.79-08.88	**W 4 AC**	1,0	**W 4 AP**	1,0	**W 4 AS**	1,0
5,0 PS	09.84-	**W 4 AC**	0,8	**W 4 AP**	0,8	**W 4 AS**	0,8
5,6 PS	09.77-08.78	**W 4 AC**	0,7	**W 4 AP**	0,7	**W 4 AS**	0,6
6,0 PS	09.76-08.79	**W 4 AC**	1,0	**W 4 AP**	1,0	**W 4 AS**	1,0
	09.83-	**W 2 AC**	1,0			**W 2 AS**	1,0
7,5 PS	09.79-08.88	**W 4 AC**	1,0	**W 4 AP**	1,0	**W 4 AS**	1,0
8,0 PS	09.82-	**W 2 AC**	1,0			**W 2 AS**	1,0
9,9 PS	09.76-08.88	**W 2 AC**	1,0			**W 2 AS**	1,0
10 PS	09.82-	**W 4 AC**	0,7	**W 4 AP**	0,7	**W 4 AS**	0,6
15 PS	09.76-08.88	**W 4 AC**	1,0	**W 4 AP**	1,0	**W 4 AS**	1,0
20 PS	09.79-06.90	**W 2 AC**	1,0			**W 2 AS**	1,0
25 PS	09.76-08.87	**W 2 AC**	1,0			**W 2 AS**	1,0
30 PS	09.83-	**W 2 AC**	1,0			**W 2 AS**	1,0
35 PS	09.76-08.85	**W 2 AC**	1,0			**W 2 AS**	1,0
40 PS	09.83-	**W 2 AC**	1,0			**W 2 AS**	1,0
50 PS	09.74-08.85	**W 2 AC**	1,0			**W 2 AS**	1,0
55 PS	09.74-08.85	**W 2 AC**	1,0			**W 2 AS**	1,0
60 PS	09.79-08.90	**W 2 AC**	1,0			**W 2 AS**	1,0
70 PS	09.74-08.85	**W 2 AC**	1,0			**W 2 AS**	1,0
75 PS	09.74-08.85	**W 2 AC**	1,0			**W 2 AS**	1,0
85 PS	09.74-06.85	**W 2 AC**	1,0			**W 2 AS**	1,0
100 PS	09.78-06.90	**W 4 AC**	1,0	**W 4 AP**	1,0	**W 4 AS**	1,0
115 PS	09.74-08.85	**W 4 AC**	1,0	**W 4 AP**	1,0	**W 4 AS**	1,0
120 PS	09.84-	**W 2 AC**	1,0			**W 2 AS**	1,0
140 PS	07.76-08.84	**W 4 AC**	0,7	**W 4 AP**	0,7	**W 4 AS**	0,6
	09.84-08.87	**W 2 AC**	1,0			**W 2 AS**	1,0
150 PS	09.76-08.87	**W 4 AC**	0,7	**W 4 AP**	0,7	**W 4 AS**	0,6
175 PS	09.76-08.87	**W 4 AC**	0,7	**W 4 AP**	0,7	**W 4 AS**	0,6
185 PS V6	09.82-	**W 4 AC**	0,7	**W 4 AP**	0,7	**W 4 AS**	0,6
200 PS	09.76-08.87	**W 4 AC**	0,7	**W 4 AP**	0,7	**W 4 AS**	0,6
235 PS	09.76-08.87	**W 4 AC**	0,7	**W 4 AP**	0,7	**W 4 AS**	0,6
275 PS	09.84-	**W 2 AC**	1,0			**W 2 AS**	1,0

Nach den Empfehlungen ihrer Hersteller sind Außenbordmotoren von bestimmten Zündkerzen abhängig. Hier ein Beispiel von Bosch-Zündkerzen für Außenborder von Evinrude (baugleich mit Johnson-Motoren). Ähnliche Empfehlungen werden auch für Zündkerzen von Beru, Champion oder NGK gegeben. Vielfach liefern diese Firmen die Kerzen auch an die Außenborder-Hersteller, von wo sie auch unter eigenem Namen vertrieben werden. In der Tabelle links die Leistung des Motors, dann die Herstellungszeit, der Kerzen-Typ mit der Art der Elektroden (normal, Platin oder Silber), dazwischen der Elektroden-Abstand.

Gefahr erkennen

Hochspannungs-Zündsysteme dürfen nur von Motorenfachbetrieben instand gesetzt werden. Bei unsachgemäßer Handhabung können extrem hohe Zündströme auftreten, die nicht nur Herzschrittmacher lahmlegen, sondern auch schon manchen gesunden Menschen in Mitleidenschaft zogen.

Batterie-Zündsysteme

Hubraumstarke Außenbordmotoren sind oft mit einem Batterie-Zündsystem ausgerüstet. Es entspricht den bekannten, aber auch schon vielfach überholten Automobil-Spulenzündanlagen. Hier liefert, wie gesagt, die Batterie den Strom für die Zündung. Der Nachteil liegt auf der Hand: Bei leerer Batterie lässt sich der Motor nicht starten.
Bei der Batteriezündung wird eine relativ niedrige Spannung von 6–12 V in eine momen-

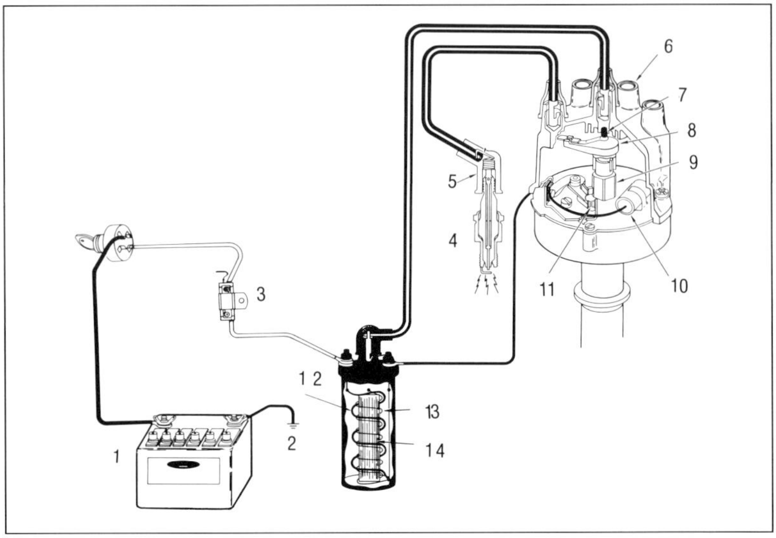

Normales Zündsystem (Spulenzündung).
Es bedeuten:
1 – Batterie,
2 – Masse,
3 – Widerstand,
4 – Zündkerze,
5 – Kerzenstecker,
6 – Anschluß für Kerzenkabel,
7 – Schleifkohle,
8 – Verteilerläufer,
9 – Löschkondensator,
10 – Unterbrecherkontakte,
12 – Primärwicklung der Zünd-spule,
13 – Sekundärwicklung,
14 – Eisenkern.

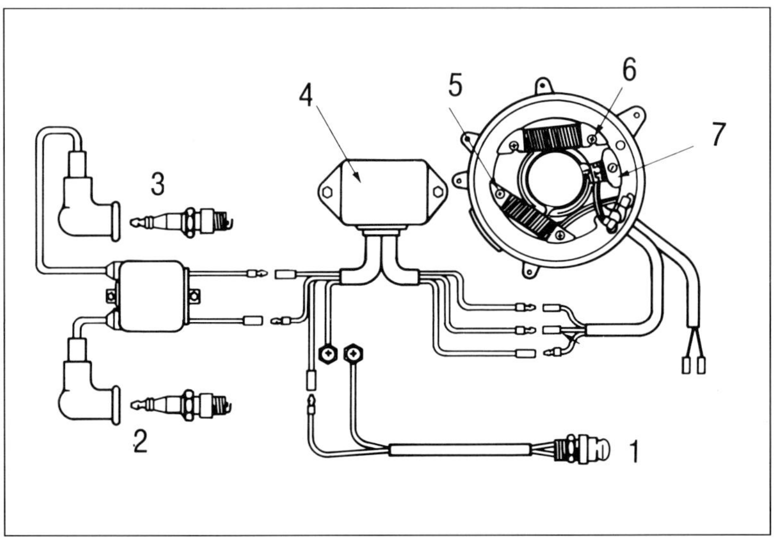

Grundaufbau einer elektronischen Zündanlage (Mariner).
1 – Zündschloß,
2+3 – Zündkerzen (Zweizylinder),
4 – elektronische Zündbox,
5+6 – Spulenwicklung (Erregerspule),
7 – Impulsgeber.

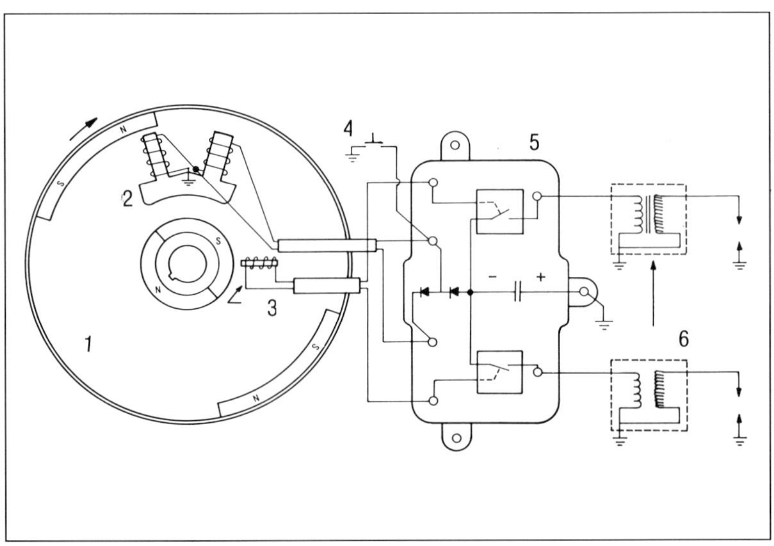

Schaltschema einer elektronischen Zündanlage (Mercury und Mariner).
1 – Schwungrad,
2 – Stator (feststehend),
3 – Zündimpulsgeber,
4 – Stoppschalter,
5 – Elektronik-Box,
6 – Zündspule.

tane Hochspanunnungsladung umgewandelt. (Zwischen 10 000 und 40 000 Volt). Sie bewirkt einen sehr kräftigen Zündfunken mit dem Vorteil der spontanen Zündbereitschaft auch bei nicht optimalen Bedingungen, wie falsches Gemisch, niedrige Umgebungstemperatur, längere Standzeiten.
Grundsätzlich gelten auch für die Funktion der Batteriezündung die vorstehenden Ausführungen über die Magnet- und HKZ-Zündung. Über das Prüfen bezw. Nachstellen des Zündzeitpunktes halte man sich wegen der Verschiedenartigkeit der einzelnen Anlagen an die Betriebsanleitung, bezw. an die Werkstatt.

Zündkerzen wechseln

Zündkerzen-Verschleiß ist praktisch Abbrand der Elektroden. Dadurch vergrößert sich der Elektroden-Abstand und das Zündverhalten wird beeinflusst. Im Extremfall ist der Abstand der Elektroden auf ein Maß angewachsen, daß die Zündspannung nicht mehr ausreicht, um an der Kerze einen Zündfunken zu erzeugen. Die regelmäsige Kontrolle des Eelektroden-Abstands ist deshalb wichtig.
Bei normalem Gebrauch dürfte ein Satz Kerzen je Saison genügen. Reservezündkerzen gehören in jede Werkzeugkiste, denn Startprobleme sind in der Regel die Folge von verölten oder benzinfeuchten Zündkerzen-Elektroden.
Durchsichtige Filmdosen eignen sich als luft- und wasserdichte Vorratsbehälter für die meisten Zündkerzentypen. Lange Kerzen sind z. B. in den bekannten Multivitamin-Röhrchen gut verstaut.

Welche Zündkerzen?

Zwei grundsätzlich unterschiedliche Zündkerzen-Typen sind im Gebrauch: Zündkerzen mit Masse-Elektrode und Zündkerzen mit Mittel-Elektrode. Die ersteren arbeiten in Verbindung mit der Schwungrad-Magnetzündung. Alle modernen elektronischen Hochspannungs-Zündanlagen benötigen Kerzen mit der nicht nachstellbaren Mittel-Elektrode. Die Zündkerzen müssen also ausgewechselt werden.
Den richtigen Elektroden-Abstand von Masse-Elektroden-Zündkerzen nennt die Betriebsanleitung. Mit der Fühlerlehre wird dieses Maß kontrolliert. Im Notfall kann die Elektrode nachgebogen werden (nicht bei Mittel-Elektroden). Verbrennungsrückstände an den Elektroden reinigt man mit einer kleinen Drahtbürste und einem Stück Holz. Der Keramikteil sollte nicht mit der Drahtbürste behandelt werden. Zu häufiger Putzen schadet den Kerzen mehr als es nützt.
Bei neu zu beschaffenden Zündkerzen muß unbedingt auf den vom Hersteller angegebenen Typ und Wärmewert geachtet werden. Letzterer ist ein Maß für die thermische Belastbarkeit der Kerze, aber auch für die erforderliche Selbstreinigung-Temperatur. Bei einer zu »kühl« bleibenden Zündkerze verschmutzen die Elektroden allmählich bis zu Störungen wegen eines zu schwachen oder ganz wegbleibenden Zündfunken.

Das Kerzenbild

Ob Überhitzungsschäden infolge einer defekten Kühlwasserpumpe, falsche Ölsorten und Mischungs-Verhältnisse, zu viel Früh- oder Spätzündung – es kann an Hand des Kerzenbildes erkannt werden.

SCHALTPLAN (FÜR EINEN ZYLINDER)

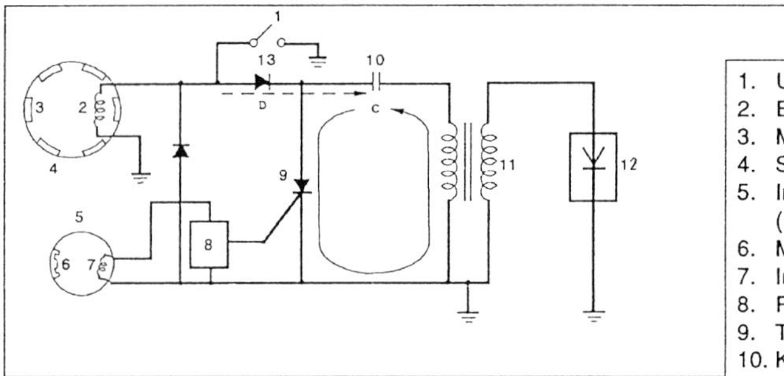

1. Unterbrecherkontakt
2. Erregerspule
3. Magnet
4. Schwungrad
5. Induktionsrotor (Nockenwellenscheibe)
6. Magnet
7. Induktionsspule
8. Regelschaltung
9. Thyristor
10. Kondensator
11. Zündspule
12. Zündkerze
13. Diode

Schaltplan für Honda-Außenbordmotoren mit kontaktloser elektronischer CDI-Zündanlage für Ein- und Dreizylinder-Motoren.

SCHALTPLAN (FÜR DREI ZYLINDER)

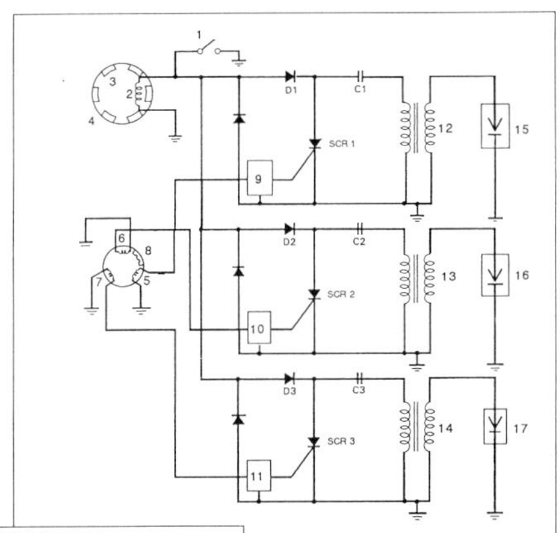

1. Unterbrecherkontakt
2. Erregerspule
3. Magnet
4. Schwungrad
5. Induktionsspule Zylinder Nr. 1
6. Induktionsspule Zylinder Nr. 2
7. Induktionsspule Zylinder Nr. 3
8. Induktionsrotor (Nockenwellenscheibe)
9. Regelschaltung Zylinder Nr. 1
10. Regelschaltung Zylinder Nr. 2
11. Regelschaltung Zylinder Nr. 3
12. Zündspule Zylinder Nr. 1
13. Zündspule Zylinder Nr. 2
14. Zündspule Zylinder Nr. 3
15. Zündkerze Zylinder Nr. 1
16. Zündkerze Zylinder Nr. 2
17. Zündkerze Zylinder Nr. 3

D1,2,3 = Diode
C1,2,3 = Kondensator
SCR1,2,3= Thyristor

Die Fotos zeigen verschiedene Kerzenbilder, die schon eine gewisse Diagnose zulassen. Man sollte deshalb die alten Zündkerzen für den Mechaniker aufheben, wenn neue Kerzen eingeschraubt wurden.

Umgang mit Zündkerzen

Beim Ein- und Ausschrauben der Zündkerzen ist verschiedenes zu beachten. Das Kerzengewinde darf nicht geschmiert werden, sonst sitzt die Kerze nach einer Saison bombenfest im Zylinderkopf. Abgedrehte Kerzen sind ein teurer Spaß, weil das alte Gewinde durch ein neues Reparaturgewinde mit größerem Außenmaß eingepasst werden muss. Bei manchen Mehrzylindermaschinen ist ein neuer Zylinderkopf mit einer entsprechend hohen Rechnung fällig.

Das Kerzengewinde muss mit einem fusselfreien Lappen gereinigt werden und ist vorsichtig mit der Hand einzuschrauben. Das Kerzengewinde zielt oft schräg in den Zylinderkopf. Deshalb Kerzenwechsel unbedingt einmal an Land üben. Wenn eine Kerze schon nach einer Umdrehung klemmt, wurde sie ungenau aufgesetzt. Herausdrehen und nochmal eindrehen. Gewalt schadet dem Gewinde und führt unweigerlich zu einer teuren Zylinderkopf-Reparatur. Ein Kerzenschlüssel mit Gummieinsatz hält die Kerze nach dem Herausdrehen fest.

Über das genaue Festzieh-Drehmoment informiert die Betriebseinleitung, doch nicht immer. Meistens wird kein Drehmomentschlüssel vorhanden sein. Deshalb gilt: Besser »handfest« als zu fest anziehen. Richtig ist es, bei kaltem Motor und kalter neuer Kerze noch etwa eine halbe Umdrehung mit dem Kerzenschlüssel, wenn die Kerze mit den Fingern schon einigermaßen fest angezogen wurde.

Jede neue Kerze ist mit einem neuen Dichtring versehen. Er setzt sich beim ersten Eindrehen. Man sollte sich etwas Zeit lassen, wenn eine neue und somit kalte Kerze in den warmen Motor eingesetzt wird. Die beiden Gewinde sollten etwa die gleiche Temperatur annehmen. Dann mit dem Kerzenschlüssel nur noch etwa eine viertel Umdrehung nachziehen.

Zündkerzen-Preise

Über den Preis von neuen Zündkerzen gibt es beim Bootshändler häufig Diskussionen. Eine ganz normale Kerze etwa für einen 4 PS-Motor kann durchaus 14 DM kosten, während sie im Auto-Handel für sehr viel weniger verkauft wird. Unser Tip daher: Während der Garantiezeit nur die vorgeschriebenen Zündkerzen beim Boots- bzw. Motor-Händler kaufen, die Rechnung aufheben und danach die identischen Kerzen preiswerter im Auto-Zubehör-Handel erwerben.

Der Bootshändler ist freilich gezwungen, die Preise der Motorenfirmen an den Kunden weiterzugeben. Allerdings kann auch beim Vertragshändler einer Auto-Marke die Zündkerze doppelt so viel kosten wie im Supermarkt.

Die ersten Atemzüge

So viele Menschen es gibt, so viele Charakterbilder sind es auch. Aufmerksamkeit tut not. Nicht viel anders ist es mit Motoren. Jeder hat seinen eigenen Charakter. Und wie er ausfällt, ja, wie lange er seine Arbeit willig leistet, hat man weitgehend in der Hand. Es entscheidet sich viel in seinen ersten Minuten und Stunden. Richtig eingelaufen und sachgemäß betrieben, kann die Lebensdauer eines Außenbordmotors 6 bis gut 10 Jahre betragen. Abweichungen nach unten und oben sind möglich.

Einlaufzeit ist wichtig

Jeder Motor hat eine unterschiedlich lange Einlaufzeit. Denn erst in der Einlaufphase entwickeln die Zylinderlaufflächen und Lager die optimale Oberflächenqualität. Große Motoren werden vor der Auslieferung einem etwa zehnminütigen Testlauf unterzogen. Manche zwei bis fünf PS starken Einzylinder-Exemplare gelangen dagegen ohne Testlauf in den Verkaufskarton. Da ist es am Käufer, die Einlaufzeit zu sichern.

Lauf im Testbecken

Seriöse Händler stecken ihren Motor vor der Auslieferung ins Testbecken und erklären dem Kunden vor Ort die richtigen Startvorbereitungen und das praxisgerechte Einlaufen wärend der ersten fünf bis zehn Betriebsstunden. Danach wird die meist kostenlose Erstinspektion durchgeführt.

Vor dem Einlaufen des Motors muss die Betriebsanleitung aufmerksam studiert werden. Die Einlauf-Vorschriften sind bei jedem Motor anders. Das Mischungsverhältnis ist meist doppelt so hoch wie nach der Einlaufphase. Die Ölqualität wird vorgeschrieben und sollte wegen möglicher Garantieansprüche genau befolgt werden. So verlangen die englischen Seagull-Motorenwerke normales Zweitakt-Motorenöl wie für ein Mofa oder einen Rasenmäher, während die bekannten amerikanischen und japanischen Motorenhersteller Außenborderöl bindend vorschreiben. Über Ölqualitäten wurde schon in Kapitel 11 geschrieben.

Wichtige Anfangsmaßnahmen

Die Zylinderkopf-Dichtung spielt eine Schlüsselrolle hinsichtlich der Lebenserwartung und Zuverlässigkeit des Motors. Erst nach einigen Stunden Betriebsdauer setzt sie sich, erhält also erst mit ihrem endgültigen Maß ihre sichere Funktion.

Der Zylinderkopf muss daher bei der ersten Inspektion nachgezogen werden. Wird diese Arbeit nicht sachgemäß ausgeführt, drohen teure Zylinderkopfschäden und man verliert natürlich den Garantieanspruch.

Unterbrecherkontakte von Zündanlagen älterer Motoren verschmutzen in den ersten Stunden besonders stark und verändern damit den Zündzeitpunkt. Der Motor gibt weniger Leistung ab, startet schlechter und überhitzt. Die Folge ist ein vermeidbarer Motorschaden.

Start zum neuen Vergnügen. Aber schon die ersten 5 Betriebsminuten können einen neuen Motor ruinieren. Wer vom Start weg gleich Vollgas gibt, braucht sich nicht wundern, wenn der Motor blockiert. Kolbenringe und Lager müssen einlaufen und das braucht seine Zeit. Gefühlvolle, keine abrupte Gaswechsel-Intervalle sind für das Einlaufen wichtig. Zweitakt-Außenbordmotoren sind bei richtigem Mischungsverhältnis gut für etwa 1500 bis 2000 Stunden Vollgasfahrt bis eine Motorüberholung ansteht.

Schließlich sammelt sich im Getriebegehäuse anfangs eine erstaunlich große Menge feiner Metallpartikel an. Deshalb muss das Getriebeöl bei der ersten Inspektion gewechselt werden.

Die Motorbelastung

Wie stark der Motor in der Einlaufphase belastet werden kann, unterscheidet sich je nach Fabrikat und Motorentyp. Großvolumige Mehrzylinder-Maschinen sind feiner verarbeitet als kleine Einzylinder-Motoren. Die Passung der Lager oder Zylinderlaufflächen ist bei den spurtstarken Mehrzylinder-Maschinen viel enger wegen der hohen Literleistung. Daraus ergeben sich höhere Reibungswerte in der Einlaufphase.

Der Fahrer mag seinen Spaß an der scharfen Kurvenfahrt haben, aber der Motor leidet darunter, wie man auf dem zweiten Bild sieht. Das komplette Unterwasserteil ragt aus dem Wasser. Der Motor dreht blitzschnell hoch und übersteigt ohne Last spielend die maximal zulässige Motordrehzahl. Bei einem neuen Motor führt dies zum Kolbenklemmer oder kapitalem Motorschaden. Die Garantie erlischt, wenn der Schaden mutwillig herbeigeführt wurde.

Wird der Motor abrupt im kalten Zustand auf Maximaldrehzahl hochgetourt, reißt der Ölfilm an den Zylinderwänden vorübergehend ab. Im Extremfall verschmelzen durch die hohe Reibungshitze die metallischen Partner und der Kolben »frisst« an der Zylinderlauffläche. Nach einigen »sanften« Startversuchen wird das neue, schöne Stück zweifellos anspringen. Wer aber seinen neuen Motor in der Einlaufphase nur im erhöhten Leerlauf oder bei langsamster Fahrt zu schonen meint, schadet ihm ebenfalls. Kurze Halb- bis Dreiviertel-Gas-Intervalle sind im betriebswarmen Zustand wichtig für die Lebenserwartung. Öl- und Abgas-Rückstände setzen sich sonst verstärkt im Motor fest. Darunter leidet die Oberflächengüte der reibenden Metallteile.

Betriebswärme nötig

Die richtige Betriebstemperatur in der Einlaufphase ist für jeden Motor besonders wichtig. Mehrzylinder-Maschinen sind mit einem Kühlwasser-Thermostat ausgerüstet. Der Thermostat verhindert den vollen, ungebremsten Zufluß von zu kaltem Kühlwasser in den Motorblock. Die Reibung von Kolbenringen auf den Zylinderwänden wird mit dem Thermostat verträglicher gestaltet. Thermostatgeregelte Motoren erreichen deshalb schneller die nötige Betriebstemperatur auch auf kurzen Strecken als die zwangsgekühlten Einzylindermotoren ohne Thermostat-Regelung.

Einstellungssache

Wer sich für sein gutes Geld einen seegehenden Motor angeschafft hat, wird sich zweifellos den Neuzugang genauer ansehen. Das sei jedenfalls vorausgesetzt, wenn hier auch von der Trimmflosse gesprochen wird.
Der kleine Spoiler hinter dem Propeller ist die Trimmflosse. Zwei wichtige Aufgaben erfüllt dieses Stück Metall:

- Den Geradeauslauf
- Korrosionsschutz für das Getriebe (falls dafür vorgesehen)

Aufopferung

Die Trimmflosse besteht oft als »Opfer-Anode« aus einer Zink-Legierung. Damit der Korrosionsschutz wirksam wird, dürfen Trimmflossen nicht überlackiert werden. Im Laufe der Jahre zersetzt sich das Anoden-Material der Trimmflosse und sie muss ausgewechselt werden.
Da nicht alle Trimmflossen auch als Korrosionsschutz gedacht sind, ist es wichtig, die Betriebsanleitung nachzulesen.

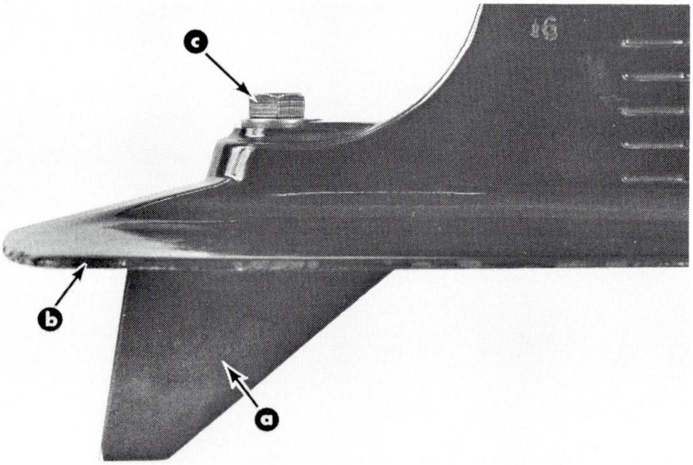

Trimmflossen unterstützen die Geradeaus-Fahreigenschaften und dienen als Opferanoden für den durch Elektrolyse gefährdeten Gertriebeschaft samt Innereien. Die silberglänzende Trimmflosse ist fabrikneu, die schwarze Flosse zeigt bereits Spuren der elektrolytischen Einflüsse. Fast wirkungslos ist das total zerfressene Stück im Vordergrund. Es wurde drei Jahre im Salzwasser benutzt. Es bedeuten: a – Trimmflosse, b – Stabilisierungsflosse, c – Haltebolzen.

Steuertrimm

Die Hauptaufgabe der Trimmflosse ist jedoch, den Geradeauslauf des Bootes sicherzustellen. Die Rotation des Propellers bewirkt eine Krafteinleitung, die im Prinzip das Ruder nach links, bei linksdrehendem, oder nach rechts, bei rechtsdrehendem Propeller, bewegt. Man spricht vom Propeller-Drehmoment oder Steuertrimm. Natürlich muß man die Drehrichtung des Propellers kennen.
Der Steuertrimm ändert sich in Abhängigkeit von der Drehzahl des Propellers und von der Trimmung des Bootes. Die Trimmflosse ist meistens mit einer Schraube verstellbar. Bei 0 Grad zeigt die Flosse genau nach hinten. Bei Höchstgeschwindigkeit ist diese Einstellung meist richtig. Wird das Boot überwiegend mit geringeren Geschwindigkeiten gefahren, zieht das Boot deutlich nach links oder rechts.
Zieht das Boot nach links, muss das hintere Ende der Trimmflosse um etwa 5 Grad nach links gedreht werden. Zieht das Boot nach rechts, ist das Ende der Trimmflosse nach rechts zu drehen.

Propellerwechsel

Bei jedem Propellerwechsel verändert sich die Krafteinleitung. Entsprechend verändert sich auch der Steuertrimm. Die richtige Balance ist bei der Fahrt mit einem Boot wichtig, um den Kurs halten zu können, zumal bei schlechter Sicht oder Dunkelheit. Angenehm ist es für die meisten Skipper, einen gewissen Ruderdruck zu spüren.

Moderne Dichtung

Ob in Sperrholz-Kreuzer oder Luxus-Schaluppe – das seefahrende Volk weiß zu feiern. So wundert man sich nicht, was eine Statistik der amerikanischen Küstenwachen berichten kann: Es verlieren mehr Wassersportler ihr Leben auf geschützten Ankerplätzen als auf der offenen See. Dafür gibt es plausible Gründe. Ein Beispiel:

Hoch hinaus. Man möge sich ein überladenes, doch übermotorisiertes Schlauchboot bei diesen Seebedingungen vorstellen. Doch auch hier sind Besatzung und Motor triefend nass. Vielleicht streikt die Zündung in der nächsten Welle.

Die Seetüchtigkeit von Boot und Außenbordmotor wird durch die Rumpfform mitentschieden. Dieses skandinavische Boot mit geklinkertem Kunststoffrumpf verträgt die 70 PS am Heck auch bei schwierigen Bedingungen, wie der saubere Geradeauslauf zeigt.

Beiboot in Gefahr

Viele Beiboote haben – wie ihre jeweilige Besatzung – nach einem abendlichen Restaurant-Besuch stark geladen, wenn sie mit Hilfe eines Außenbordmotors zum Ankerplatz der Yacht zurückkehren. Jetzt sind Alkohol im Blut, eine hübsche Brise und grober Wellengang die Gefahren für die Crew. Und das überladene Beiboot ist fast manövrierunfähig, weil die Kraft auf dem Ruder zu gering ist.

Bei einer schon schwachen Gezeitenströmung treiben die schwer belasteten Beiboote – oft sind es Schlauchboote – in wenigen Minuten auf die offene See hinaus. Panik erfasst die Crew. Schwimmend versucht man den Ankerplatz zu erreichen. Die Kräfte lassen nach. Das schlimme Ende hätte sich mit guter Seemannschaft vermeiden lassen.

Sicherheit nicht herausfordern

Nach einer Statistik der US-Coast Guard steht Alkohol-Mißbrauch an erster Stelle der Seenot-Fälle. Dann folgen leere Kraftstoff-Tanks.

Die vermeintlich gegebene Sicherheit durch einen starken Beibootmotor ist oft der Grund, daß so mancher Seemann ohne zusätzliche Riemen im Schlauchboot unterwegs ist. Hundert mal geht es gut. Dann, im ungünstigsten Moment, sirbt der Motor ab. Ein Tropfen Seewasser im Lufteinlaß setzt jeden Benzinmotor schachmatt. Die Einspritzanlage von Dieselmnotoren arbeitet störungsfrei selbst unter Wasser.

Feuchte Zündkabel oder korrodierte Kabelverbindungen sind bei den meist zu tief im Wasser hängenden Beibootmotoren ein großer Risikofaktor. Viele Skipper, allen voran Charterboot-Neulinge, sehen diese Gefahren nicht und vertrauen blind auf den optisch einwandfreien Zustand von Beiboot und Motor.

Wasserdichtigkeit verschieden

Soll man den Motorherstellern einen Vorwurf wegen der prinzipiellen Abhängigkeit von einwandfreier Kraftstoff-Zufuhr und einem starken Zündfunken unterstellen? Jedenfalls sind einige Motoren wasserfester als andere. Bei einem Vergleichstest durch eine Fachzeitschrift von acht 2 bis 5 PS starken Beibootmotoren setzten die Tester einen Gummischnorchel direkt am Lufteinlaß des Vergasers auf. Dann wurden die Motoren gestartet und zu Zweidrittel unter Wasser gedrückt und damit auch Zündanlage und Vergaser.

Unter Wasser lauffähig

Nach ein paar Sekunden starben der Johnson-2 und 4 PS- und der Yamaha-2 PS-Motor ab. Der Suzuki-2 PS- und der Mercury-4 PS-Motor liefen klaglos über zehn Minuten lang und ohne einen »Huster«. Auch der Tohatsu-3 PS-, der Yamaha Malta-3 PS- und der Mariner-5 PS-Motor bewiesen ihre »eingebaute« Wasserfestigkeit. Dieser allerdings schon seit einiger Zeit vorgenommene Vergleich zeigte, daß die etwas älteren Motorentypen gegen Schwallwasser weniger gut präpariert sind als moderne Motoren. Bei den älteren Johnson-2- und -4 PS- und dem Yamaha-2 PS-Motor lagen der Lufteinlaß fast ungeschützt offen da. Beim neuen Yamaha Malta und den neuen Johnson-4 PS-Motoren leitet ein aufwendiges Luft-Ansaugsystem eingedrungenes Seewasser ab.
Je nach Baujahr und Bauart ist, wie die Fotos zeigen, die Wasserdichtigkeit verschieden. Mit der Konstruktion des Motors an sich hat das nichts zu tun. Aber fast alle bekannten Beibootmotoren sind von der Grundkonstruktion her betagte Exemplare.

Viel Motor für den kleinen Seekreuzer. An einem Binnensee mag die weit nach hinten versetzte Halterung noch angehen. Aber auf dem keineswegs immer friedlichen Mittelmeer schnappt der Motor bei Rückwärtsfahrt und Wellengang gehörige Portionen Seewasser und setzt aus.

In den letzten Jahren wurde die Empfindlichkeit gegen Spritzwasser moderner Außenborder fühlbar verbessert. Diese gummiarmierten Kerzenstecker und Zündspulen sind weitgehend wasserdicht, solange sie neu sind. Ältere Kerzenstecker sollten mit Motorplast konserviert werden.

Betriebssicherheit vorrangig

Nach unseren Erfahrungen ist bei den kleinen Beibootmotoren bis etwa 5 PS eine mehr oder wenige große Leistung nicht so wichtig. Was zählt, ist die Betriebssicherheit, zumal im jahrelangen Salzwasserbetrieb. Der Kraftstoff-Verbrauch dürfte in diesem Fall zurücktreten.

Auch sind die Bedienungelemente wichtiger als ein schnittiges Design der Motorhaube, wobei manchmal der eingebaute Tank nur unter Mühe auf den Befüllungsstand kontrolliert werden kann.

Motoren der Rettungsdienste

Im Bereich der Lebensrettung-Dienste sind optimal wasserdichte Ansaugsysteme wichtig. Jahrzehntelang wurden nur luftgekühlte Dieselmotoren für kleinere Rettungsboote verwendet. Heute setzen beispielsweise England und Italien auf spurtstarke Außenbordmotoren. Die meisten britischen Küstenrettungsboote sind mit zwei Außenbordmotoren bestückt. Bei diesen 75 PS starken Johnson- und Mercury-Motoren sorgt ein raffiniertes Schnorchelsystem für die nötige Wasserdichtigkeit.

Die großen Schlauchboote können sich überschlagen, ohne daß die Vergaser mit Seewasser vollaufen. Im Schnorchelsystem sorgen zwei Rückschlag-Klappen für geschlossene Ansaugkammern. Diese extrem seetüchtigen Rettungsboote richten sich mit einem Pressluftsystem wieder selbst auf. Danach ist der Motorstart durch die hermetisch geschlossenen Zündanlagen kein Problem.

Tauchsport

»Meine Frau griff zur Kühlbox, da schlug unser Schlauchboot einfach um«. So erzählte ein Freizeit-Skipper und erntete ebenso viel Mitgefühl wie hämisches Lächeln.
Aber statt sich darüber zu ärgern, hätte er besser gerettet, was noch zu retten war. Ein teurer Außenborder ist innerhalb von etwa sechs Stunden Schrott, sofern man nicht umgehend handelt – vorausgesetzt, man konnte seiner noch habhaft werden.

Ein schnelles Ausweichmanöver bei einem klar übermotorisiertenBoot führt oft zu einer Rolle seitwärts. Dank der Auftriebskörper sinkt das Boot nicht ab. Doch der Motor ist innerhalb weniger Stunden vom Salzwasser zu reinigen, sonst droht Totalschaden.

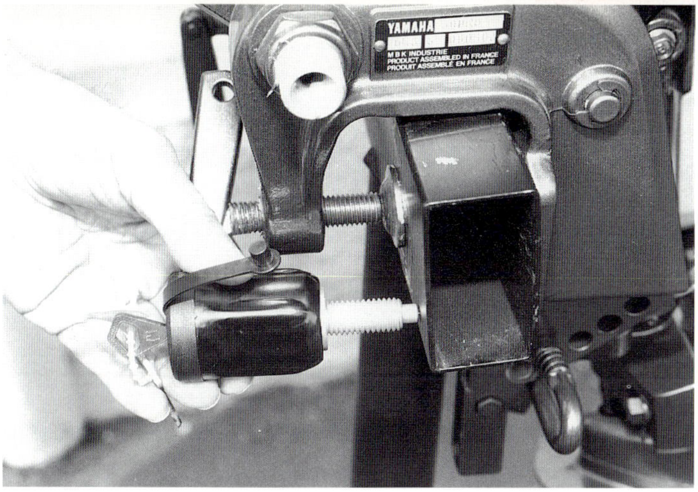

Eine vernünftige Diebstahlsicherung verhindert auch das Überbordgehen des Motors durch gelöste Knebelschrauben. Oben eine Einknebel-Schloß-sicherung. Unten eine Sicherungsschiene. Sicherer sind durchgebolzte Motoraufhängungen und eine zusätzliche Diebstahlsicherung.

Sofort Wasser entfernen

Die Betriebsanleitnug empfiehlt den möglichst raschen Besuch der Fachwerkstatt. Weit ab von der Zivilisation dürfte dieser weise Rat allerdings nicht zum Erfolg führen.
Zuerst muß alles Seewasser aus dem Motor heraus. Die Motorhaube ist abzunehmen und die Zündkerzen herauszuschrauben. Der Motor wird vorsichtig auf den Kopf gestellt, damit das Wasser aus den Zylindern und dem Vergaser läuft. Der Motor wird wieder senkrecht gestellt und mit der Handstarterleine die Kurbelwelle mit den Kolben langsam durchgedreht. Nicht den elektrischen Anlasser benutzen.

Auch Sand im Motor?

Bei größerem Widerstand während des Durchdrehens ist noch immer Wasser im Motor, vielleicht auch Sand. Deshalb ganz behutsam die Leine durchziehen.
Der Motor wird ein zweites Mal auf den Kopf gestellt und Korrosionsschutzöl (z. B. WD 40) unter das Schwungrad gesprüht. Das Sprühöl sollte reichlich aufgebracht und durch leichte Drehbewegungen mit dem Schwungrad verteilt werden. Der Motor wird wieder in seine normale Lage senkrecht aufgestellt.

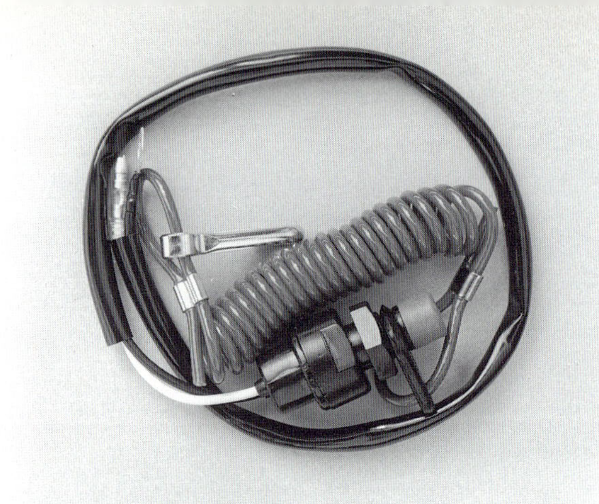

Mann-über-Bord-Schalter. Er wird am Handgelenk getragen und unterbricht die Zündung am Motor, wenn der Skipper über Bord geht. Lebensrettend bei Nachtfahrt oder Wasserskischlepp.

Vergaser reinigen

Der Vergaser muß gereinigt werden. Dazu öffnet man die Ablaßschraube am unteren Teil des Vergasers, also an der Schwimmerkammer. Eventuell muß diese mit einem Schraubendreher ganz geöffnet und das verbliebene Benzin-Wassergemisch entfernt werden. Die milchig trübe Emulsion verhindert sonst jeden erfolgreichen Startversuch, weil das Wasser die feinen Düsen blockiert.
Den Motor jetzt noch einmal für etwa fünf Minuten vorsichtig durchdrehen, damit restliche Wasserteilchen herausgelangen. Schwimmerkammer wieder anschrauben.
Sofern Spiritus, z. B. von einem Kocher, zur Verfügung steht, sollte es über die Zündkerzenöffnungen in den Zylinder eingefüllt werden. Spiritus bindet Wasser, weniger gut hingegen ist Zweitaktbenzin, also die fertige Mischung, oder Konservierungsöl. Sie sind aber für die Rostvermeidung besser als nichts.

Vorsichtig durchdrehen

Der Motor wird wieder am Boot angebracht. Ohne noch eingeschraubte Zündkerzen zieht man die Starterleine gefühlvoll etwa drei Minuten lang durch, damit die letzten Wasserteilchen und Sprühöl usw. aus den Zylindern entfernt werden. Nimmt der Widerstand während des Durchdrehens spürbar ab, kann etwas schwungvoller durchgezogen werden. Mit einem Stück Papier oder dem Finger ist zu prüfen, ob noch immer Wasser in den Kerzenlöchern erscheint.

Neue Zündkerzen sind besser

Nun wird es spannend. Mit möglichst neuen Kerzen ist nach kräftigem Vorpumpen mit Kraftstoff zu versuchen, den Motor zu starten. Meistens gibt der Motor seine Bereitwilligkeit zum Starten mit einem kurzen Zündvorgang bekannt. Anschließend herrscht gewöhnlich wieder gespannte Ruhe. Die Zündkerzen dürften naß sein, weil sich noch immer etwas Wasser im Vergaser befindet.
Zündkerzen wieder reinigen, Zündkabel mit Kontaktspray einsprühen, Kerzen eindrehen und nochmals starten. Wahrscheinlich läuft der Motor jetzt für einige Sekunden und steht dann wieder. Das Benzingemisch ist noch nicht optimal für einen sauberen Verbrennungsvorgang.

Starthilfsmittel

Wahre Wunder vollbringt jetzt ein Starterspray (»Startpilot«), den man während des Startens mit ganz kurzen Intervallen in den Vergasereinlass sprüht. Aber Vorsicht:
Dieses Spray ist giftig und extrem zündfähig. Man sollte damit sehr vorsichtig umgehen. auch weil heftige Entflammungsschläge auf den Kolben ausgeübt werden.
Wenn der Motor mit dem Starterspray immer noch keine längeren Lebenszeichen von sich gibt, befindet sich noch Wasser im Motor, im Vergaser oder an der Zündanlage. Eigentlich müsste der Motor nach dieser Methode des sorgfältigen Trockenlegens anspringen. Ist kein Starterspray zur Hand, gießt man etwas Benzin direkt von oben in den Vergaser.

Wasser in der Entlüftung?

Bei kleinen Außenbordern mit eingebautem Tank kann Seewasser durchs Tankentlüftungsloch eingedrungen sein. Man sollte also in diesem Fall die Kraftstoff-Mischung durch eine neue ersetzen, denn schon der kleinste Wassertropfen kann die Vergaserdüsen zusetzen. Das gleiche gilt für den Luftfilter am Vergasereinlaß. Vor dem Startversuch muss der nasse Filter entfernt werden. Der Motor läuft auch ohne Filter.
Ist der Motor angesprungen, ihn mit Halbgas für mindestens 45 Minuten laufen lassen, damit alle Teile trocknen. Nach dem Probelauf sollte der Motor intensiv äußerlich und innen, über die Zündkerzenlöcher und den Vergaser, mit Konservierungsöl behandelt werden.

Werkstatt unumgänglich

Waren die Startversuche nicht von Erfolg gekrönt, ist die abschließende Konservierung vor dem Werkstattbesuch besonders wichtig. Aber auch nach einem gelungenen Probelauf sollte man sich keinesfalls in Sicherheit wiegen, daß damit der Wasserschaden behoben wäre.
Vergaser, Zündanlage und verschleißintensive Teile von Anlasser und Schwungscheibe sollten im Interesse von Lebensdauer und Zuverlässigkeit von der Fachwerkstatt so schnell wie möglich demontiert und gereinigt werden.

Die richtige Befestigung

An dieser Stelle sei auch auf die jeweils richtige Befestigung eines Außenbordmotors am Boot hingewiesen. Im allgemeinen erhält man vom Händler, bezw. von der Werft des Boots entsprechende Anweisungen. Bei Segelyachten wird man sich natürlich danach orientieren, auf welcher Seite man als Steuermann sitzt. Im allgemeinen wird der Motor dann eher backbordseitig angebracht, damit die rechte Hand frei ist für das Ruder.
Im Handel gibt es verschiedene Arten von Diebstahlschutz. Empfehlenswert ist dieser auch deshalb, weil er den Motor gegen das Abfallen sichern kann.

Quirliger Typ

Die Zeit der Galeerensträflinge war vorbei und auf den Wind war auch nicht immer Verlass. Da auch die Seefahrer ihre Termine einhalten mussten. griff man schließlich zur Dampfmaschine und Schaufelrad. Daß auch die Steigungen einer drehenden Schraube Vortrieb erzeugt, galt als großes Wunder.

Die richtige Schraube

An Wunder gewöhnt man sich. Dennoch würde man auch heute staunen, wie verschieden diese Schrauben wirken können. Man muß sich daher schon beim Kauf des Außenbordmotors für die richtige Schraube – auch Propeller gerufen – entscheiden. Allerdings ist man fast immer auf den serienmäßig gelieferten Propeller und dessen Drehrichtung angewiesen. Im allgemeinen ist die Drehrichtung entgegen dem Uhrzeigersinn. Bei zwei Außenbordern am Heck muß natürlich die Drehrichtung verschieden sein.

Eine andere Schraube ist oft ein Zusatzkauf. In den USA werden für Außenborder auch Verstellpropeller angeboten.

Weil für die Wahl des Propellers allgemein der Verbrauch im Vordergrund steht, wurden entsprechende Empfehlungen schon in Kapitel 10 (»Kraftstoffverbrauch«) gegeben. Fassen wir hier weitere Merkmale zusammen.

Leichtmetall und Edelstahl

Schon kleinste Beschädigungen mindern den Wirkungsgrad des Propellers. Die preisgünstigen Leichtmetall-Propeller sind mit einer relativ dauerhaften Beschichtung versehen. Motorboot-Rennfahrer verwenden ausschließlich hochglanzpolierte Edelstahlpropeller, weil sie dünner geformt werden können und damit ihr Wirkunsgrad höher ist.

Ein Leichtmetallpropeller muss aus Festigkeitsgründen dicker sein, wodurch seine Wirkung leidet. Durch das geringere spezifische Gewicht ist er bei kleinen Beschädigungen unempfindlicher als die dünnen, leicht verbiegbaren Edelstahlpropeller.

Kunststoff und Bronze

PS-schwächere Motoren haben aus Kostengründen und wegen der einfachen Handhabung auch Kunststoff-Propeller, die durchaus interessant sind. Die Korrosionsgefahr fällt weg. Aus fertigungstechnischen Gründen müssen sie allerdings noch dicker als Leichtmetallpropeller geformt sein, was den Wirkungsgrad weiterhin schmälert.

Kunststoff-Propeller verbiegen sich etwas bei hoher Last. Es ergibt eine größere Steigung, sodaß der Motor nicht mehr seine für die beste Leistung maximale Drehzahl erreicht. Mit neuen Kunststoff-Werkstoffen dürften diese Probleme in Zukunft ausgeräumt sein. Im Flugzeugbau sind Kunststoff-Propeller im Aufwind.

Propeller aus Bronzelegierung werden wegen der Korrosionsprobleme bei Außenbordern normalerweise nicht verwendet, allenfalls für Sport- und Rennzwecke.

Der Standardpropeller ist ein Kompromiss. Wer maximale Leistung bei geringem Verbrauch wünscht, braucht den Rat der Fachwerkstätte. Weit über 1000 verschiedene Propellertypen sind im regulären Lieferprogramm der großen Motorenhersteller. Radice- und Michigan-Propeller sind als Spezialausrüster gut für weitere 1500 Typen. Oben ein schubstarker Propeller für einen Yamaha-Viertaktmotor als Segelbootantrieb. Links ein Propeller mit einem Fintze-Einsatz, der die Auspuffgase bei Rückwärtsfahrt ableitet und dadurch die Kavitation (Hohlsog) weitgehend verhindert. Im Propeller unten erkennt man das schwarze Gummirutsch-Element, das den Propeller bei Grundberührungen schützt.

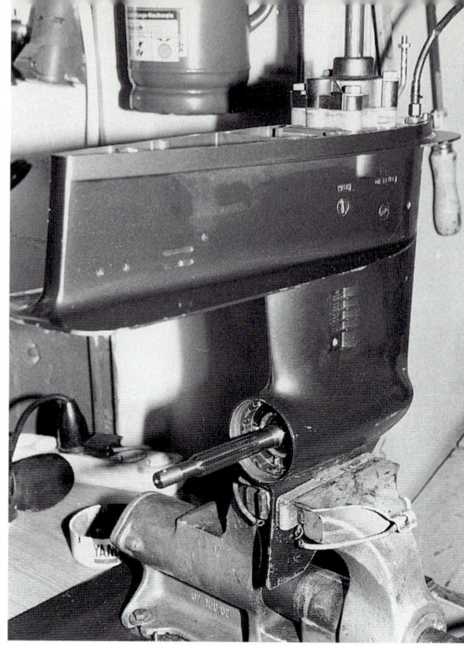

Bei jedem Außenbordmotor ist das Unterwasserteil der empfindliche Bereich. Die Propellerwelle besteht aus Edelstahl, der Schaft aus Aluminium, die Getriebe-Zahnräder aus einer Stahl-Legierung. Elektrolyse tritt zwangsläufig auf und zerstört die schwächsten Teile, wenn die Opferanoden nicht regelmässig ausgetauscht werden. Zweimal im Jahr ist das Getriebeöl zu wechseln, um gegen Kondens- und Salzwasser zu schützen.

Propeller-Schaden

Das kann das Ende eines vergnüglichen Ferientörns bedeuten, obwohl ein Ersatzpropeller den Urlaubsetat nicht übermäßig belasten dürfte.
Grundsätzlich kann jeder Leichtmetall- und Edelstahlpropeller von einer soliden Fachwerkstatt gerichtet werden. Entsprechende Kunststücke sind dort der Alltag. Ein abgerissener Propellerflügel wird bei einem hochwertigen Stück mit Hilfe des Schweißbrenners ersetzt. Auch zentimetergroße Risse im Material sind noch lange kein Fall für den Schrottplatz.

Bodenberührung

Grundsätzlich sollte man bei jedem harten Stoß das Unterwasserteil kontrollieren. Der Propeller kann noch in Ordnung sein, aber die für das Getriebe wichtige Wellendichtung ist möglicherweise defekt. Eine leichte Unwucht im Propeller senkt die Höchstgeschwindigkeit kaum merklich ab, dafür wird die Getriebewelle und die Wellendichtung über kurz oder lang beschädigt.
Nur mit hochwertigen Messgeräten kann die Fachwerkstatt eine leichte Unwucht im Propeller nachweisen. Kleinere Kerben und Unebenheiten lassen sich mit der Feile ausgleichen. Treten diese Unebenheiten nur an einem Propellerblatt auf, müssen die anderen Blätter in gleicher Stärke bearbeitet werden, damit keine Unwucht auftritt.
Feilspäne fördern, da sie nach längerem Stehen festhaften oder festrosten, die unwillkommene Korrosion. Entsprechend sorgfältig sollte man vorgehen und reinigen. Bei Leichtmetallpropellern ist die vorgeschriebene Propeller-Beschichtung besonders wichtig. Als kurzfristige Maßnahme kann die Reparaturstelle auch mit seewasserbeständigem Außenborder-Spezialfett eingerieben werden.
Der Fachmann erkennt an einem gesund aussehenden Propeller Kavitations-Erscheinungen, die durch Blasenbildung wegen zu hoher Drehzahlen auftreten.
Die optimale Propellerabstimmung ist eine Wissenschaft, die sich ständig mit neuen Erkenntnissen zu verbessern sucht. Mehr Leistung bei verringertem Verbrauch sind Resultate dieser notwendigen Bemühungen.

Propeller dreht durch

Laut heult der Motor auf: Der Scherstift ist gebrochen. Das Geräusch kennt jeder erfahrene Außenbordmotor-Fahrer. Dem Neuling treibt es Schweißperlen auf die Stirn. Seine Vermutung geht in Richtung kapitaler Motor- oder Getriebeschaden.
Weil im Wasser unzählige Hindernisse auf den ahnungslosen Seelord lauern, dachten sich die Hersteller von Außenbordern eine simple Schutzverrichtung für das teure Getriebe aus: Eine Sollbruchstelle am geeigneten Platz.

Der Scherstift

Wie die Skizzen zeigen, gibt es zwei Systeme, mit denen der Propeller mit dem Getriebe verbunden ist. Die erste Möglichkeit: Bei den preiswerten 2 bis 5 PS-Motoren ist es der Scherstift mit einer Sollbruchstelle. Dieser nagelgroße Metallstift reißt bei Überlastung des Propellers durch ein Hindernis, wobei es sich auch um eine im Wasser treibende Leine handeln kann. Der Motor arbeitet jetzt ohne Last, erreicht eine deutlich höhere Drehzahl und die Fahrtgeschwindigkeit sinkt auf Null.
Kein Grund zur Panik auf der Titanic. Ein einfacher Scherstift läßt sich in fünf Minuten auf dem Wasser auswechseln. Für jede PS-Klasse wird ein genau passender Scherstift benötigt. Deshalb rüsten alle Motoren-Hersteller das kleine Werkzeugpaket mit einem Ersatz-Scherstift aus.

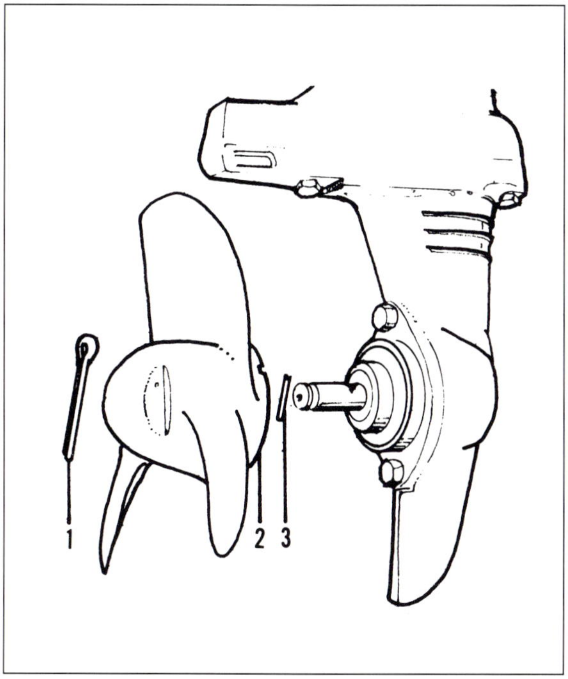

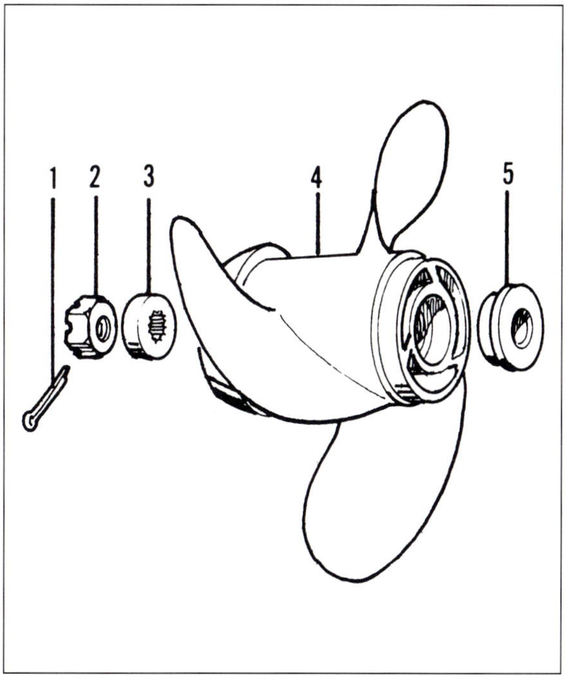

Befestigungsteile für den Propeller (Mercury). Links: 1 – Sicherungssplint, 2 – Propeller, 3 – Mitnehmerstift (Scherstft). Rechte Zeichnung: 1 – Sicherungssplint, 2 – Kronenmutter, 3 – Abdichtung, 4 – Propeller, 5 – Lagerscheibe.

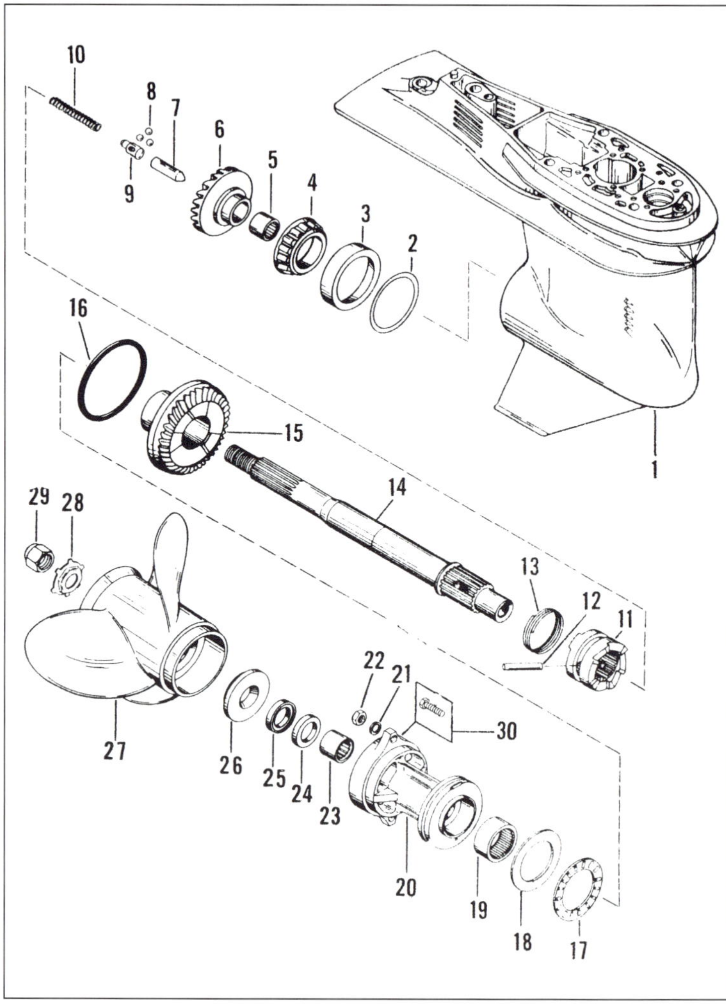

Beispiel für die Propeller-Antriebsteile bei einem Mercury-Außenborder. 1 – Antriebsgehäuse, 2 – Distanzring, 3 – Wälzlagerring, 4 und 5 – Rollenlager, 6 – Vorwärtsgangrad, 7, 8 und 9 – Teile des Kugellagers dazu, 10 – Feder, 11 – Kupplung, 12 – Fixierstift, 13 – Rückhaltefeder, 14 – Propellerwelle, 15 – Rückwärtsgangrad, 16 – O-Ring, 17 – Träger für 18 – Abdichtung, 19 – Wälzlager, 20 – Lagerträger, 21 – Dichtring, 22 – Mutter, 23 – Wälzlager, 24 und 25 – Öldichtung, 26 – Dämpfungsscheibe, 27 – Propeller, 28 – Dichtungsscheibe, 29 – Befestigungsmutter.

Ersatz in der Not

Für den Notfall kann auch ein schon angerosteter, passend zugefeilter Nagel als Scherstift-Ersatz dienen. Bei schonender Fahrweise erreicht man damit den nächsten Hafen. So verhalf schon mal ein passend abgetrennter kleiner Schraubendreher-Schaft einem deutschen Urlauber auf den Liparischen Inseln zur Weiterfahrt.

Nicht verwechseln

Neulinge verwechseln den am äusseren Propeller-Ende angebrachten Splint gern mit dem innenliegender Scherstift. Wie die Zeichnung zeigt, kommt es auf den innenliegenden Scherstift an. Bevor man einen neuen montiert, sollte die Propellerwelle üppig mit seewasserfestem Fett eingeschmiert werden.

Gummidichtung prüfen

Bei dieser Gelegenheit kontrolliert man die Gummidichtung zwischen der Propellernabe und dem Schaft. Hier kann sich ohne weiteres auch mal eine vertörnte Ankerleine unter die Gummidichtung schieben. Das Getriebeöl sickert dann langsam aus oder vermischt sich im Getriebe bedrohlich mit Seewasser.
Diese Gummidichtung ist ohne Zweifel ein Schwachpunkt bei jedem Außenborder-Modell. Deshalb sollte das Getriebeöl auch mindestens zwei Mal in der Saison auf Wassereintritt untersucht und notfalls gewechselt werden.

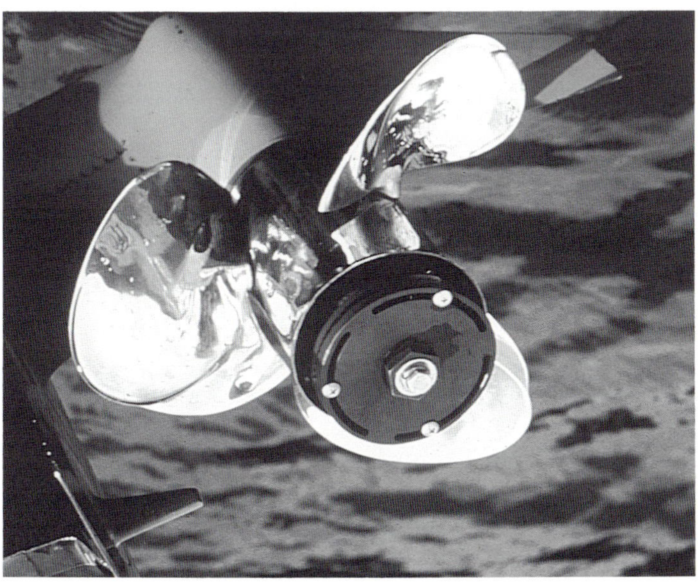

Hochglanzpolierter Edelstahlpropeller von Radice für den Renneinsatz (oben), sowie Michigan-Edelstahlpropeller mit Abgasumlenkung und für wirksamere Rückwärtsfahrt.

Rutschkupplung

Ab 6 PS sind die meisten Außenborder mit einer Rutschkupplung statt mit dem einfachen Scherstift ausgerüstet. Sie verhindert meistens einen Getriebeschaden, weil sie bei Überlastung den Propeller leer durchdrehen lässt.
Darauf verlassen sich viele Bootsfahrer und ignorieren gerne den systembedingten Schwachpunkt von Rutschkupplungen. Sie backen innerhalb von wenigen Monaten so fest, daß sie nur mit Mühe von der Propellerwelle getrennt werden können. Deshalb sollte man zweimal in der Saison Welle und Nabe reinigen und mit neuem Spezialfett sorgfältig behandeln.
Beim Überfahren von Hindernissen werden die Flanken der Rutschkupplung zur Seite gedrückt. Sie verschleißen und schließlich rutscht die Kupplung von selbst durch. Der Propeller hat keine Wirkung mehr.
Eine leer durchdrehende Rutschkupplung hört sich wie ein gebrochener Scherstift an. Der Motor dreht, aber das Boot ist ohne Vortrieb. Deshalb ist ein entsprechender Ersatzpropeller kein Luxus, da in diesem eine neue Rutschkupplung integriert ist.

Rutschkupplung überprüfen

Bei einem älteren Propeller kann die Rutschkupplung schon zum Teil abgenutzt sein. Man überprüft es mit einer Markierung an Wellenbuchse und Propellernabe mit einem wasserfesten Stift. Nach einer Probefahrt lässt sich der Stand der Markierungen feststellen. Sitzen diese noch an der gleichen Stelle oder sind sie seitlich gegeneinander verschoben? In letzterem Fall ist die Rutschkupplung abgenutzt und muss von der Werkstatt ausgetauscht werden.

Die Wahl des Propellers

Um Boot und Außenbordmotor vernünftig aufeinander abzustimmen, kommt der Wahl des geeigneten Propellers große Bedeutung zu. Erst mit diesem gewinnt man die beste Beschleunigung und Geschwindigkeit bei ökonomischem Verbrauch und leichter Handha-

Power pur. 400 PS am Heck. Das lieben die Amerikaner. So an einem 7 Meter langen Sportboot. Die beiden V6-Yamaha-Motoren sind mit gegenläufigen Propellern ausgerüstet, um das Propellerdrehmoment auszugleichen. Das Boot läuft stabil geradeaus und zieht nicht nach einer Seite.

Die längsten Motorbootrennen gehen über 24 Stunden. Der Getriebewechsel dauert nur ein paar Minuten. Beim »6 Stunden Rennen von Paris« entscheidet die beste Getriebeabstufung über die Plazierung. Die handgeschliffenen Rennpropeller sind noch in der Kiste, um die Konkurrenz nicht schlau zu machen.

Der robuste 5 PS-Tohatsu-Motor ist einer der wenigen Flautenschieber mit 60 Watt-Lichtmaschine. Eine breite Palette von Spezialpropellern wird angeboten, wie dieser Flachwasserantrieb für verkrautete Gewässer. Vertrieb über Volvo Deutschland.

bung des Bootes und des Motors. Der beste Propeller ist dabei jener, der mit dem richtig beladenem Boot, bei Vollgas mit der Motordrehzahl im empfohlenen maximalen Bereich die Höchstgeschwindigkeit erreichen lässt. So empfiehlt Honda einen maximalen Drehzahlbereich von 5000 bis 6000/min.

Bei einer Probefahrt zum Zweck des Propeller-Wahl sollten folgende Punkte beachtet werden:

- Der Außenborder ist im richtigen Winkel zum Bootsboden anzubringen. Dazu den geeigneten Trimmwinkel (Kapitel 10) einstellen, bezw. bei der motorisierten Trimmung den Minimalwinkel.
- Werden zwei Außenborder montiert, müssen beide auf den gleichen Minimalwinkel eingestellt sein.
- Die Trimmflosse in die Position stellen, die den besten Geradeauslauf sichert.
- Fremdkörper, wie Pflanzen usw. dürfen nicht am Propeller hängen. Auch auf Beschädigungen und Verformungen ist zu achten.
- Der Bootsboden ist auf Bewuchs oder übermäßige Verschmutzung zu prüfen, notfalls beseitigen. Die Höchstgeschwindigkeit sinkt sonst erheblich ab.
- Der zunächst ausgewählte Propeller wird bei möglichst ruhigem Wasser und richtig beladenem Boot getestet. Starker Wind ist zu vermeiden, Windgeschwindigkeit sollte weniger als 15 km/h betragen.
- Für den Beschleunigungstest ist eine Stoppuhr erforderlich (falls kein Fahrtmesser vorhanden). Die Zeit wird gestoppt, die zum Durchfahren einer Strecke bekannter Länge nötig ist.
- Wird die empfohlene Höchstgeschwindigkeit bei Vollgas nicht erreicht: Der Propeller passt nicht zum Boot. Er müsste durch einen Propeller mit kleinerer Steigung (1 bis 2 Zoll) ersetzt werden. um Leistungsverlust und evtl. Motorschaden zu vermeiden. Ist die Motordrehzahl zu hoch, ist ein Propeller mit höherer Steigung zu verwenden.

- Unter folgenden Bedingungen ist ein Propeller mit kleiner Steigung angebracht, um bessere Beschleunigung und längere Motorlebensdauer zu erzielen: Überlastetes Boot (durch Passagiere, Ladung, Ausrüstung, Schleppen von Wasserski-Läufern), hohe Lufttemperatur und -Feuchtigkeit, große Höhe über dem Meer, Verschmutzung von Bootsrumpf oder Getriebegehäuse.
- Ist der richtige Propeller gefunden, empfiehlt sich das Fahren vorwiegend mit Dreiviertelgas zu Gunsten langer Motorlebensdauer und natürlich sicherer Fahrt.

Das Angebot an Propellern ist je nach PS-Klasse unterschiedlich. So bietet Yamaha für seine 10 PS-Viertakt-Außenborder 8 Propeller an, weil dieser schon von Haus aus stark untersetzte Motor speziell für langsamere Verdrängerboote entwickelt ist.

AUSWAHLTABELLE FÜR PROPELLER

Model	Durchmesser und Steigung (in Zoll)	Geschwindigkeit des bootes (km/h)	12 14 16 18 20 22 24 26 28 30 32
35 Ps	11 3/4 x 10	18 ~ 28	H , I wt : 920 ~ 2700 kg
	11 1/2 x 12	31 ~ 41	D,E,F wt : 420 ~ 500 kg
	(std) 11 1/2 x 13	35 ~ 45	C,J wt : 290 ~ 370 kg
	11 1/2 x 14 1/4	43 ~ 53	A,B,G wt : 280 ~ 300 kg
45 Ps	11 3/4 x 10	20 ~ 30	H , I wt : 920 ~ 2700 kg
	11 1/2 x 12	32 ~ 42	D,E wt : 440 ~ 655 kg
	(std) 11 1/4 x 13	36 ~ 46	C,F wt : 470 ~ 490 kg
	11 1/2 x 14 1/4	45 ~ 55	A,B,G,J wt : 20 ~ 380 kg

A. Sportboote
210 - 300 kg

B. Sportboote
210 - 350 kg

C. Sportboote
350 - 370 kg

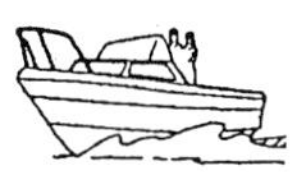
D. Daycruiser
500 - 650 kg

E. Dingis
10 - 655 kg

F.Beiboote
120 - 570 kg

G. Aluminiumboote
210 - 300 kg

H. Pontonboote : 1010 - 1380 kg
Beiboote : 920 - 2700 kg

I. Arbeitsboote
1000 - 2500 kg

J. ISchlauchboote
290 - 350 kg

Dieses Propeller-Auswahlschema von Honda zeigt, daß der Standard-Propeller nicht bei jedem Bootstyp optimal sein kann. Das gilt für alle Motoren und Bootstypen. Das Schema hilft, den richtigen Propeller hinsichtlich Durchmesser und Steigung zu finden.

Problematische Auswahl

Nicht weniger als 24 verschiedene Propeller stehen bei den 60 bis 90 PS-Yamaha-Motoren zur Auswahl. Da ist wohl eher der Fachmann gefragt. Zu diesen 24 Propellern je Motortyp liefern die renommierte Firma Michigan und andere Hersteller noch einmal 32 verschiedene Typen. Unter mindestens 80 Propellern kann der Skipper hier seine Wahl treffen – eine schier unlösbare Aufgabe.
Motorboot-Rennfahrer hüten deshalb ihre selbst zurechtgefeilten Propeller wie ihren Augapfel und halten sie unter Verschluß. Die Kennzeichnung ist eine selbstgewählte Code-Nummer, über die nur der Mechaniker Bescheid weiß. Beim Propellerwechseln wird oft das Unterwasserteil mit einer Plane gegen zu neugierige Blicke abgedeckt. Diese Geheimniskrämerei ist keineswegs übertrieben, denn bei fast identlischen Motorleistungen ist der Propeller das Zünglein an der Waage für den Erfolg.

Wo sitzt der Wurm?

Motor-Störungen sind wie Zahnschmerzen. Sie kommen immer im ungeeigneten Moment. Andererseits – gibt es für diesen Fall überhaupt geeignete Momente?
Jedenfalls pflegt den Skipper in einem Störfall leichte Panik zu ergreifen, ob er nun über ein kleineres oder größeres Schiff regiert. Die Augen der Besatzungen sind fragend auf ihn gerichtet. Wo wird er Hand anlegen? Versteht er überhaupt etwas von der Sache?
Nehmen wir an, der Mann oder die Frau am Motor kennen sich aus. Dann wissen sie auch, daß die meisten abrupten Motor-Aussetzer harmloser Natur sind. Deshalb hilft bei der Fehlersuche logisches Denken. Und ein methodisches Vorgehen, Schritt für Schritt.

Kraftstoff-Bereich?

Wenn die Maschine plötzlich stoppt, ist mit größter Wahrscheinlichkeit die Kraftstoff-Zufuhr das Problem. Deshalb schaut man zuerst mal in den Tank. Schwappt dort reichlich Benzin?
Als nächsten Schritt prüft man den Benzin-Auslaßhahn. Steht er tatsächlich eingerastet auf der »On«-Position? Steckt die Benzinzuleitung fest am Vergasereinlaß? Auch wenn beides stimmt, ist jetzt nicht die Zeit und der Ort, den Vergaser und die Benzinpumpe auseinanderzubauen.

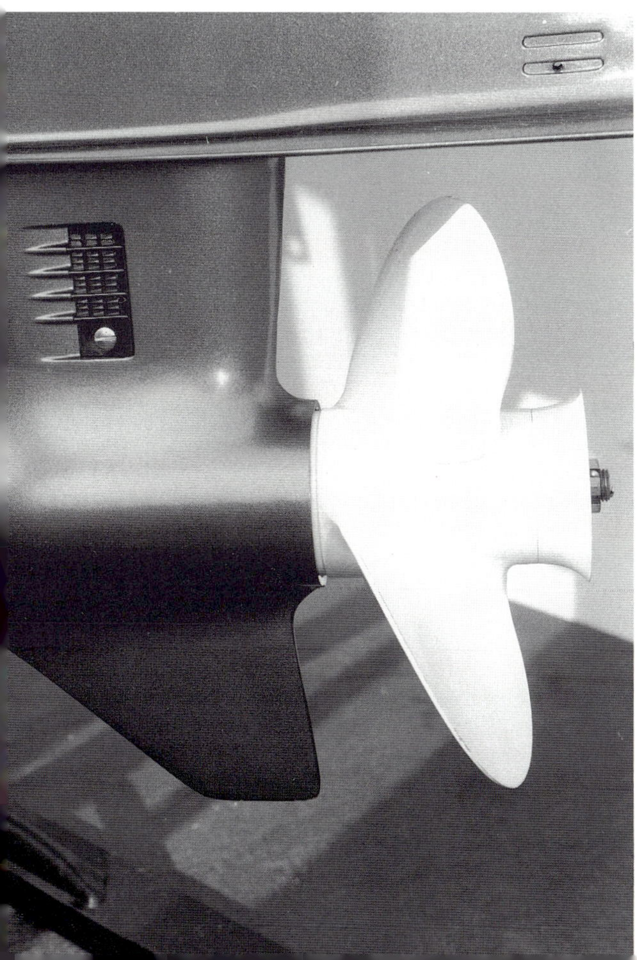

Dünne Angelleinen aus Nylon verhängen sich gerne am Propeller. Durch die Reibungswärme schmilzt das Nylon und beschädigt die Wellendichtung, ohne daß es der Skipper sofort merkt. Die Folge: Getriebeschäden durch Seewasser im Getriebeöl. Der Kühlwassereinlaß wird durch ein dünnes Sieb vor Unrat geschützt. An einem seichten Ankerplatz saugt die Kühlwasserpumpe Sand, Morast oder Plastiktüten an. Dann überhitzt der Motor oder der Kühlwasserpumpen-Impeller wird durch unsauberes Kühlwasser beschädigt.

Die meisten Getriebeschäden werden durch übertrieben forsche Handhabung von Schalthebel und Drehgasgriff verursacht. Bei jedem Schaltvorgang von der Voraus- zur Rückwärtsfahrt braucht die immer noch drehende Mechanik mindestens eine Sekunde Zeit für das saubere Einrasten der Zahnräder. Motorbootschulen rechnen mit einer Getriebe-Reparatur etwa alle 10 Monate.

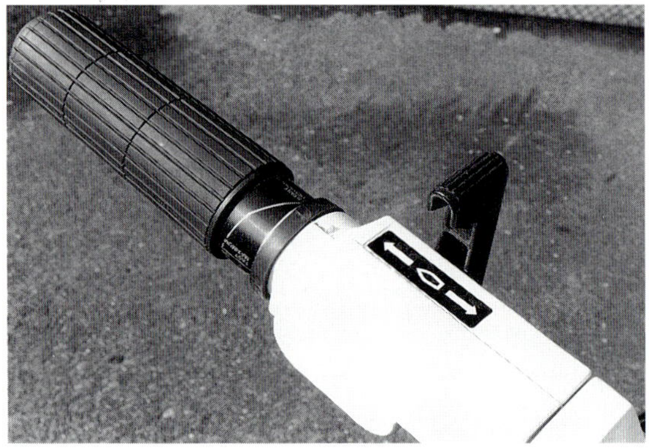

Der Austausch der kompletten Zündanlage lohnt sich bei älteren Motoren. Lose Kabelverbindungen lassen sich selbst feststellen und beseitigen. Zweitaktmotoren entwickeln stärkere Vibrationen im Leerlauf und bei langsamer Fahrt als Viertakter. Damit steigt die Gefahr von losen Kabelverbindungen und Kabelbrüchen.

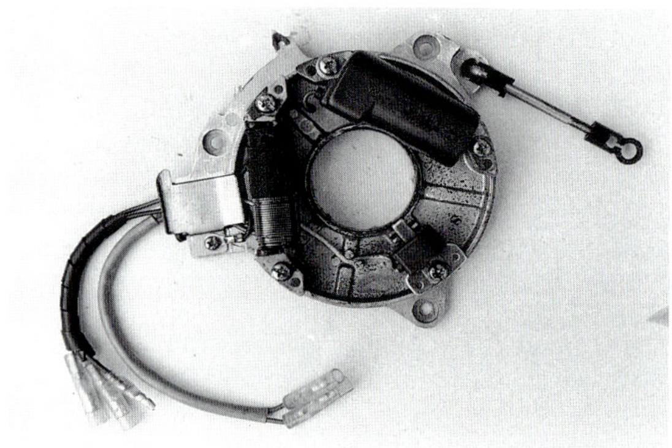

Zündanlage?

Jetzt ist die Wahrscheinlichkeit groß, daß der Fehler am nötigen Zündfunken liegt. Daher werden Zündkerzen- und Zündverteilerkabel einzeln auf festen Sitz überprüft. Ein loses Zündkabel ist neben Kraftstoff-Mangel die Hauptursache für einen plötzlichen Motorstillstand.
Sitzen die Batteriekabel einwandfrei fest? Oder hat ein zusätzliches Verbindungskabel für das Instrumentenbord die Anschlüsse gelockert? Wurde bei der Montage vergessen, die Batterieklemmen wieder fest anzuziehen? Oder sind die möglicherweise selbstgemachten Batterie-Anschlüsse lose oder korrodiert, wodurch der Batteriestrom und Zündfunken ausbleibt?
Wenn diese Checks noch nicht halfen, den Motor zum Leben zu erwecken, sollte man vor größeren Eingriffen zwei Tatsachen überlegen: Die eigenen Mechaniker-Qualitäten sind oft bescheiden. Und teilzerlegte Motoren sind bei professionellen Bootsmechanikern kaum gern gesehen. Die Rechnung fällt dann meist weit höher aus, als vermutet.

Die Symptome beachten

Für eine spätere Reparatur läßt sich mit einer genauen Beschreibung der Motorprobleme Geld sparen. Der Mechaniker kann mit dem Satz :«Der Motor läuft nicht mehr« wenig anfangen. Erzählt man zum Beispiel präzise:« Wir fuhren eine halbe Stunde mit Dreiviertel-

gas, als plötzlich blauer Rauch aus dem Auspuff stieg. Ohne daß Gas weggenommen wurde, ging die Leistung immer weiter herunter. Dann hörte man ein schabendes Geräusch im Motor und dann stand schon der Propeller.«
Der Mechaniker kann das so erklären: »Klarer Fall von Motorschaden durch einen verstopften Kühlwasser-Einlasskanal und schneller Überhitzung des Motors mit nachfolgendem Kolbenschaden.«
Mit etwas Sachkenntnis hätte der Skipper den fehlenden oder nur spärlich tropfenden Kühlwasser-Ausfluß am Getriebe feststellen können, der eine unterbrochene Kühlwasserzuleitung signalisiert. Blauer Rauch oder nachlassende Motorleistung sind auch untrügliche Zeichen für ein Schmierproblem. Wer diese ignoriert, risikiert einen kapitalen Motorschaden.

Störungen und Ursachen

Mit der nachfolgenden Tabelle wird der Kreis der möglichen Störungen und ihren Ursachen weiter gezogen. Wer sich hinsichtlich der Kraftquelle in seinem Boot so sicher wie möglich fühlen möchte, kann schon mal einen »Trockenkursus« veranstalten und sich die einzelnen Punkte vor Augen führen. Sie sind auch ein guter Wegweiser bei der Pflege und Wartung des Motors. Die Tabelle berücksichtigt auch größere Motoren.

Störung
- Starterleine wickelt sich nicht auf

Ursache
- Rückholfeder ausgehängt oder gebrochen
- Ungenügende Schmierung an der Zentralnabe
- Startergehäuse sitzt lose oder ist verzogen

Störung
- Handstarter und/oder Leine blockiert, Motor dreht nicht

Ursache
- Gangstufe eingelegt
- Startersperre ungenau eingestellt
- Mitnehmerklinken ausgeschlagen
- Klinken oder Rückholfeder von altem Fett verklebt

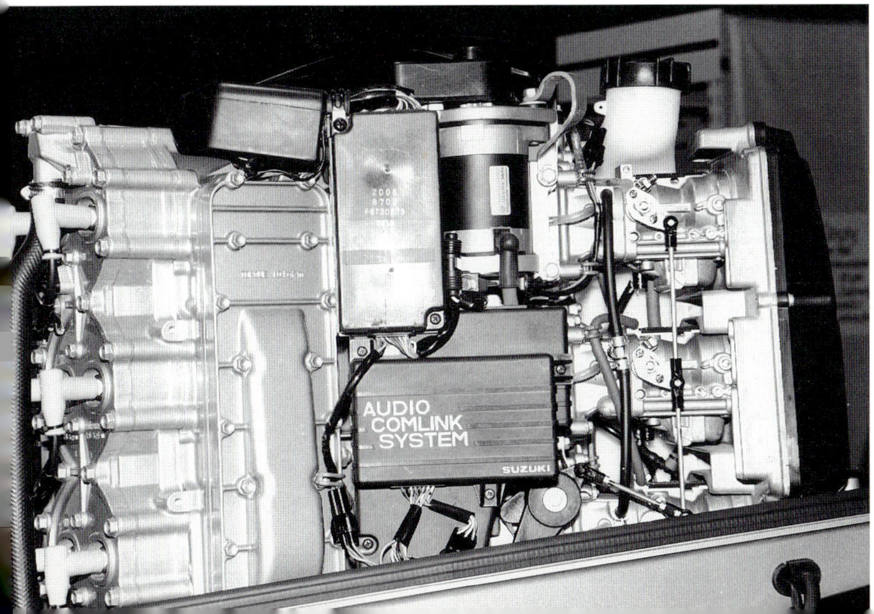

Der Suzuki-V6-Motor mit Doppelzündung gehört nur in die Hände von Mechanikern, die auf diesen mit Schubabschaltung ausgerüsteten Hochleistungsmotor geschult sind. Als Ersatz bietet sich ein zweiter Motor mit etwa 15 PS zur Sicherheit an, der z. B. in der Backskiste mitgeführt wird.

Störung
- Elektro-Anlasser arbeitet nicht

Ursache
- Gangstufe eingelegt
- Anlasser defekt
- Anlasser-Relais defekt
- Kabel-Anschlüsse lose
- Sicherheitsschalter falsch eingestellt
- Starterbatterie leer

Störung
- Motor springt nicht an

Ursache
- Starterklappe (Choke) nicht betätigt
- Gashebel steht nicht auf Startstellung
- Tankverschluß mit Entlüftungsloch zu
- Vergaser nicht mit Kraftstoff durch Balk-Pumpe gefüllt
- Falltank-Absperrventil geschlossen
- Tank nicht an Motor angeschlossen
- Kraftstoff-Zuleitung geklemmt, geknickt oder Tank leer
- Kondenswasser im Kraftstoff
- Kraftstoff-Filter verstopft
- Schwimmer im Vergaser klemmt
- Schwimmernadel-Ventil zu niedrig eingestellt oder undicht
- Vergasergehäuse-Dichtung porös
- Zündkerzen-Elektrodenabstand stimmt nicht
- Zündkerzen-Isolator gebrochen
- Zündkerzen-Elektroden verschmutzt
- Zündkerzen-Elektroden nass (wenn Motor »versoffen«)
- Zündspule oder Kondensator defekt
- Zündverteiler-Kappe und/oder Verteilerläufer defekt
- Transistorbox defekt
- Hochspannungskabel defekt

Störung
- Fehlzündungen

Ursache
- Zündkerzen prüfen, stimmt Elektroden-Abstand?
- Zündzeitpunkt verstellt
- Zündkerzen-Kabel bei Mehrzylinder-Motoren vertauscht

Störung
- Motorlauf unrund, Vibrationen, Qualm

Ursache
- Gemisch zu fett, falsche Vergaser-Einstellung
- Schwimmer im Vergaser zu hoch eingestellt
- Überalterter, zersetzter Kraftstoff
- Starterklappe (Choke) nicht ganz geöffnet
- Propeller unwuchtig, verschmutzt, beschädigt
- Motor-Halterung ausgeschlagen
- Silentblöcke der Motorlagerung gerissen
- Auspuff defekt, Auspuffgas gelangt in den Vergaser-Einlass

Störung

- Motor springt einwandfrei an, setzt aber bald aus

Ursache

- Tankventil noch geschlossen
- Tankbelüftung geschlossen
- Kraftstoff-System verstopft (Filter, Pumpe, Vergaser)
- Kraftstoff-Luft-Gemisch falsch, zu mager
- Falscher Zündkerzen-Wärmewert

Störung

- Motor läuft nicht im Leerlauf oder dieser zu hoch

Ursache

- Einstellung durch Leerlaufdüsen zu mager oder zu fett
- Grundeinstellung von Zündung und Vergaser stimmt nicht
- Anschlagschraube für Gasbetätigung am Vergaser verstellt

Störung

- Motor läuft nur mit Vollgas-Einstellung, Tankbalk muss betätigt werden, sonst sinkt Leistung ab

Ursache

- Kraftstoff-Zuleitung geklemmt, geknickt oder undicht
- Kraftstoff-Filter teilweise verstopft
- Benzinpumpen-Membran defekt/porös
- Unterdruckleitung zur Benzinpumpe (Benzin-Einspritzung) defekt oder undicht
- Vergaser-Einstellung zu mager
- Vergaser-Schwimmer-Einstellung zu niedrig

Motorstillstand durch eine feuchte Zündanlage. Mit diesem Problem muß jeder Skipper bei grober See rechnen. Ein wasserverdrängendes Spray, wie WD 40, löst meistens das Problem. Damit das Boot beim Reparieren nicht nicht übers Heck kentert, verlagert ein Teil der Besatzung das Gewicht auf den Bug.

Störung
- Maximale Leistung wird nicht erreicht

Ursache
- Propeller verschmutzt, falsche Steigung
- Rutschkupplung in der Propellernabe dreht durch
- Vergaser-/Zündeinstellung nicht korrekt
- Kompression ungenügend, Kolbenringe kleben oder verschlissen
- Auspuff mit Rückstandsbildung
- Überhitzung durch durch defekte Kühlwasser-Pumpe oder falsche Zündeinstellung

Störung
- Motor und/oder Getriebe blockiert, lassen sich nicht durchdrehen

Ursache
- Kolbenringe festgerostet
- Pleuel verbogen
- Wasser-Einbruch in Motor
- Getriebelager festgerostet
- Schwungscheibe blockiert durch lose Schrauben
- Fremdkörper am Propeller
- Getriebe blockiert durch Ölmangel

Störung
- Gangstufe springt bei mechanischer Schaltung unter Last heraus

Ursache
- Schaltung ungenau eingestellt
- Arretierfeder defekt, gebrochen oder verloren
- Klaue der Schaltung und Mitnehmer in der Vorwärtsgang-Stufe ausgeschlagen
- Verschlissene Getriebewelle und Gestänge

Störung
- Gangstufe springt bei elektrischer Schaltung unter Last heraus

Ursache
- Mangelhafter Kontakt im Stromkreis
- Getriebeöl verschmutzt
- Getriebeöl falsch
- Feder und Nabe ausgeschlagen

Störung
- Gleichstrom- bzw. Wechselstrom-Lichtmaschine (größere Motoren) lädt nicht auf

Ursache
- Anschluß-Kontakte lose und/oder durchgebrannt
- Keilriemen gerissen
- Sicherung durchgebrannt
- Reglerschalter defekt (Wechseltrom-Lichtmaschine: Gleichrichter-Diode defekt)

Motor mit »Migräne«

Noch eine Störung ist zu erwähnen, die freilich nur sehr bedingt als Störung zu bezeichnen ist. In diesem Fall ist die Natur der Verursacher, nämlich das Wetter.
Kaum zu glauben – nicht nur Menschen, sondern auch Motoren leiden unter Wetterfühlig-

keit. Der Außenborder-Hersteller Mercury veröffentlichte aus seinem Versuchszentrum interessante Daten. Bis zu 14% weniger Leistung wurden auf Motor-Prüfstanden bei ausgeprägt sommerlichen Temperaturen mit niedrigem Barometerstand gemessen. Dabei spielte natürlich auch die Luftfeuchtigkeit eine Rolle. Ist diese hoch, sinkt zum Beispiel bei einem 50 PS-Außenborder die Höchstgeschwindigkeit auf dem Wasser schon um zwei bis drei Knoten ab.

Weniger Sauerstoff

Die Leistungsminderung resultiert aus der geringeren Luftdichte. Der Motor bekommt damit zu wenig Sauerstoff für den Verbrennungsvorgang. Die Prüfkommision der IOS (International Standards Organisation) legt deshalb folgende Mittelwerte zum Leistungsmessung fest: 25 Grad Celsius Lufttemperatur, 30% Luftfeuchtigkeit bei Meereshöhe Null und einem entsprechenden Barometerstand von 1013 Hectopascal (hPa) oder Millibar (mbar), entsprechend 760 mm Quecksilbersäule.
Leistungsmäßig bekommt dem Motor am besten kühles, trockenes Wetter, wie beispielsweise im Frühling. Der Sauerstoffgehalt ist dann optimal. In dieser Zeit werden ja auch die meisten Motoren aus dem Winterschlaf geholt und meistens neu eingestellt.

Sommer schmälert Leistung

Bei hochsommerlichen Temperaturen stimmt aber die Vergaser-Einstellung nicht mehr mit jener vom Frühling überein. Der Motor hat Mühe mit dem dafür jetzt etwas zu großen Propeller, weil die maximale Drehzahl wegen der schlechteren Verbrennung nicht mehr erreicht wird.
Damit sinkt die maximale Geschwindigkeit ab und gleichzeitig steigt der Benzinverbrauch an. Ein etwas kleinerer Propeller würde das Gleichgewicht zwischen bester Leistung und moderatem Spritverbrauchwieder herstellen. Aber das wäre ebenso wenig sinnvoll und zu aufwendig wie den Vergaser neu einzustellen. Die dem Motor konstruktiv zugedachte maximale Motorleistung ist nun einmal bei hohen Temperaturen nicht zu verwirklichen.

Wasser-Falle

Die französische Tageszeitung »Nice Matin« berichtete am 15.August 1991: »Nach einer zweitägigen umfangreichen Suchaktion nach einem vermissten Surfer entdeckte die Besatzung eines italienischen Küstenwachbootes ein treibendes Schlauchboot. Ein deutsches Ehepaar wurde völlig erschöpft bei starkem Mistral 15 Seemeilen vor der italienischen Insel Elba geborgen. Der Motor des Schlauchbootes hatte wegen Benzinmangels ausgesetzt. Zahlreiche das Schlauchboot passierende Yachten erkannten die Seenotzeichen der Besatzung nicht und fuhren weiter.«

Eigenhilfe

Jeder kann in Seenot geraten. Letztlich entscheidet oft die größere Erfahrung der Besatzung, was sich daraus entwickelt. Im Frühjahr 1992 trieb ein Berufsfischer von der Karibikinsel Martinique 42 Tage lang zwischen den karibischen Inseln und dem südamerikanischen Festland im Atlantik, weil sein 50 PS-Außenbordmotor streikte.

Die Zuverlässigkeit des Motors kann durch sorgfältige Wartung weitgehend gesichert werden. Doch gilt auch bei der italienischen Seenotrettung »doppelt genäht hält besser«. Ein 140 PS-Motor würde mehr verfügbare Leistung erzeugen als die beiden 70 PS-Johnson-Motoren. Aber ein Motor kann ausfallen, zwei fallen seltener gleichzeitig aus. Und der Zeitfaktor zählt bei der Seenotrettung.

Spritmangel ist immer noch die häufigste Ursache bei »Motorschäden« am Mittelmeer. Schlauchbootskipper sollten längere Strecken in der Gruppe fahren und über UKW-Handfunkgeräte in Kontakt bleiben. Dies gilt besonders bei den beliebten Nachtfahrten.

Die Boote dieser Fischer sind etwa 10 Meter lang, schnell und wendig. Jeweils drei Fischer fahren bis zu 20 Seemeilen weit in die Nacht des Atlantiks hinaus, um im Morgengrauen große Doraden mit Schleppangeln zu fangen. Mit dem Passatwind im Rücken kehren die dunkelhäutigen Fischer am frühen Morgen auf ihre Insel zurück. In der Regel gehen drei bis fünf Boote zusammen zum Fang.
In diesem Fall fuhr der Fischer allein in die Nacht hinaus. Seine Rettung verdankt er einem russischen Frachter-Kapitän, der das Fischerboot zufällig bei Sonnenuntergang entdeckte.

Das Mögliche tun

42 Tage allein im offenen Boot. Sengende Hitze. Nur eine alte Plastikplane zum Abdecken der Fische. Der Fischer überlebte, weil er nie den Mut verlor, die Plane als Sonnenschutz verwendete und weiter seine Angel auswarf. Die gefangenen Fische drückte er mit dem Ruderblatt über eine Hebelvorrichtung so zusammen, daß er je Fisch etwa einen halben Liter Flüssigkeit auffangen konnte. Dann sorgten noch Seepocken und Algen für etwas zusätzliche Nahrung und Flüssigkeit.
Nur zwei mal regnete es, weil das Boot zu weit von den Inseln entfernt trieb. Dort sorgt die Landerwärmung immer für kurze heftige Regengüsse. Alle Suchaktionen waren längst abgebrochen, weil ihm niemand mehr eine Chance einräumte.

Die karibischen Fischer von Martinique bevorzugen 9 Meter lange, extrem schmale Boote mit Außenborder für den Fischfang auf dem Atlantik. Fast immer sind diese erfahrenen Seeleute in der Gruppe unterwegs.

Mangelndes Vorausdenken

Aus diesen beiden Seenotfällen lässt sich lernen. Für das deutsche Ehepaar in dem Schlauchboot zählte nur die kürzeste Entfernung zwischen Korsika und Elba für die Berechnung des Kraftstoffs ihres Außenborders. Aber Gegegenwind erhöhte den Verbrauch und das hatte die Rechnung nicht vorgesehen. Ablandiger Starkwind – ebenfalls nicht einkalkuliert – trieb das nur flache Schlauchboot schnell weitab.
Ein Verband von zwei oder drei Sportbooten hätten das prinzipielle technische Risiko der Überfahrt gemindert. Ein kleines UKW-Seefunkgerät für etwa 450 DM hätte auf Kanal 16 (Seenotkanal) eine lückenlose Funkverbindung zu den Insel hergestellt. Für den Seenotfall wird keine Funklizenz verlangt. Deutliche Seenotsignale wie Rauchsignale oder Seenotraketen werden auf solch einem relativ dicht befahrenen Seegebiet immer bemerkt, auch weil Zollboote die Küste überwachen.

Mit Gleichgültigkeit rechnen

Bemerkenswert ist das gleichgültige Verhalten von größeren Yachten, obwohl die Schlauchbootfahrer mit einem Riemen Zeichen gaben. Hier liegt die Vermutung nahe, daß so mancher Yachtskipper an einen nur vorgetäuschten Seenotfall denkt. Schon etliche Male wurden »seenotbrüchige« Schlauchbootfahrer im Mittelmeer aufgefischt, die dann Pistolen zogen und die verblüffte Yachtbesatzung ausraubten.
Manche Yachteigner zeigen auch eine gewisse Arroganz gegenüber kleineren Booten und ignorieren deren Seenotsignale nach dem Motto: »Wer mit einer Nußschale aufs offene Meer hinausfährt, hat selber Schuld, wenn er in Schwierigkeiten gerät.«

Risiko vermindern

Das Risiko bei einem totalen Motorausfall lässt sich bei sorgfältiger Planung stark reduzieren. Die kürzeste Strecke zwischen Buchten und Inseln ist bei auffrischendem Wind selten die sicherste Route für ein offenes Sportboot. Der Außenborder wird bei Wind und im vor Wellen geschütztem Bereich weniger mit Spritzwasser konfrontiert.

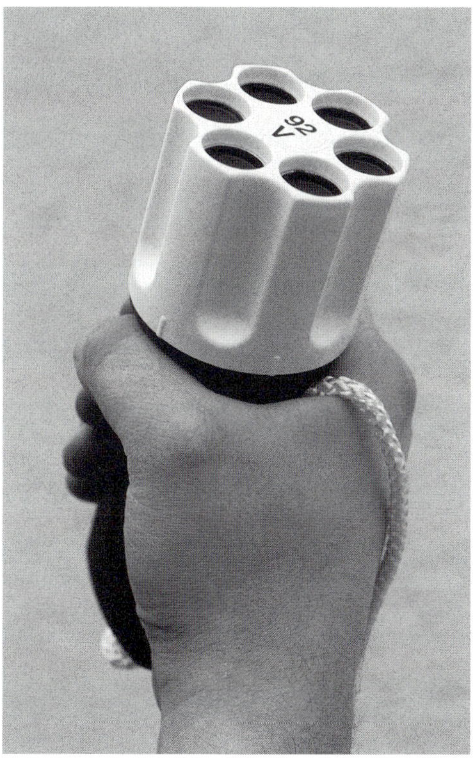

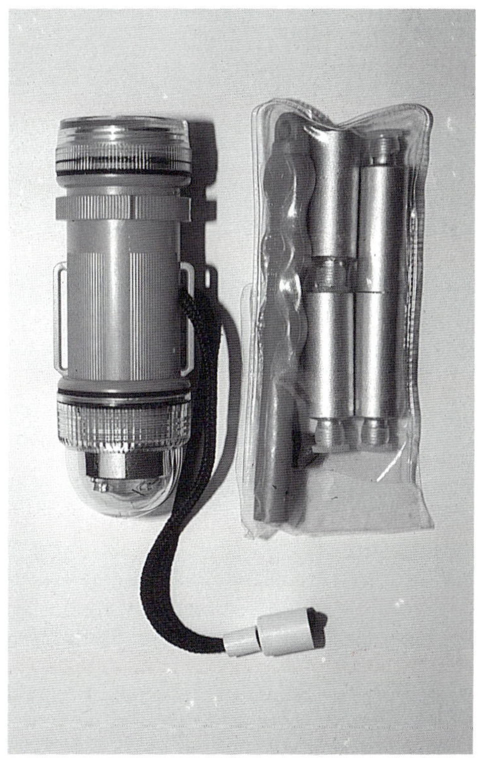

Preiswertes, »narrensicheres« Abschußgerät für 6 rote Seenotzeichen. Problemlose Bedienung, aber nur eingeschränkte Sichtigkeit von etwa 6 Seemeilen im Vergleich zu den teuren Fallschirm-Rettungssignalkörpern, die auf 25 Seemeilen in der Nacht noch erkannt werden. Absolute Minimalausrüstung, rechts im Bild: Abschußgerät für 3 Seenotsignale in der Plastikhülle und ein wasserdichtes Blitzlicht mit Taschenlampen- Einsatz.

Zwei Antriebe

Viele Mittelmeerfahrer vertrauen auf zwei Außenbordmotoren. Eine etwa 70 PS starke Hauptmaschine wird durch einen Hilfsantrieb von 4 bis 6PS abgesichert. Die meisten amerikanischen Sportboote sind mit Doppelmaschinen ausgerüstet, obwohl der Wirkungsgrad von zwei Motoren schlechter ist als von einer gleich starken Einheit. Aber die höhere Funktionssicherheit von zwei Motoren zählt bei den Versicherungsprämien in den USA.

Vorbeugende Ausrüstung

Auf amerikanischen Küstengewässern ist UKW-Funk für jeden Skipper obligatorisch. Jedes Ein- und Auslaufen von Marinas muss dort per Funk angemeldet werden. Zoll und Wasserschutzpolizei möchten Seenotfälle vermeiden und die Drogenszene wenigstens etwas kontrollieren.
UKW-Handfunkgeräte sind in einer absolut wasserdichten, durchsichtigen Plastikhülle optimal verstaut. Seenot-Raketen und -Signale sind bei uns nicht Vorschrift, aber wer darauf verzichtet, hat bei Dunkelheit und schlechter Sicht nur geringe Chancen auf Rettung.
Auch sollte ein kleiner Kanister mit Rettungs- und Überlebensrationen auch auf kleineren Booten Platz finden. Schließlich ist der Zeitpunkt der Abfahrt und der ungefähren Ankunft einer vertrauenswürdigen Person mitzuteilen. Manche Sport- oder Schlauchbootfahrer halten das für übertrieben, obwohl jeder Hafenmeister aus Überlegungen der Sicherheit den nächsten Anlaufort wissen möchte.

Rettungsmittel

Alte Sache: Hinterher ist jeder klüger. Vorher aber kann jeder Berufs- und Freizeits-Käpt'n in akute Seenot geraten. Neben dem UKW-Funkgerät seien hier auch pyrotechnische Signalmittel, kurz Seenot-Fackeln und Seenot-Raketen, genannt.
Im Gegensatz zu den französischen und italienischen Gepflogenheiten gibt es in Deutschland nur Empfehlungen, doch keine Ausrüstungsvorschriften für private Yachten.

Umgang mit Rettungsmitteln

Das will gelernt sein. In Warnemünde wurde ein Passant durch eine falsch gehandhabte Signalpistole tödlich verletzt. Deshalb schreibt unser Gesetz einen Berechtigungsschein für Signalpistolen vor, der bei Segelschulen in einem kompakten Lehrgang erworben werden kann. Polizeiliches Führungszeugnis wird verlangt. In Amerika und den meisten europäischen Nachbarstaaten sind Signalpistolen waffenscheinfrei. Im waffenliberalen Amerika gilt eine Signalpistole als besseres Spielzeug, obwohl es auch dort regelmäsig zu Unfällen kommt.
Frei verkäufliche Seenotmittel sind Hand- und Rauchfackeln, sowie die Signalgeber von Nico und Comet. Die meisten Bootshändler verkaufen Fallschirm-Signalraketen, ohne den an sich dazu vorgeschriebenen Berechtigungsschein. Sie sind die mit Abstand wirkungsvollsten Notsignale.

Ohne UKW-Handfunkgerät sollte heute kein Boot mehr auf See unterwegs sein. Das große Sommerkamp-Seefunkgerät ist doppelt so teuer wie das in Deutschland nicht zugelassene kleinere Standard-Amateurfunkgerät mit weit größerem Frequenzumfang und gleicher Sendeleistung. Kostet rund 550 Mark.

Fallschirmsignale

Deren Leuchtdauer beträgt etwa 40 Sekunden bei einer maximalen Steighöhe von etwa 300 Metern. Ein falscher Abschußwinkel verkürzt die Steighöhe und Sichtbarkeit. In einer klaren Mittelmeernacht kann eine Fallschirmrakete etwa 20 Kilometer weit von Meershöhe aus als Notsignal wahrgenommen werden. Leuchtturmwärter sind auf Notsignale eingestellt. Von ihrem hohen Blickwinkel lassen sich Fallschirmraketen noch aus 40 Kilometer bei klarer Sicht identifizieren. Bei trüben Atlantikwetter sinkt die Sichtweite auf ein paar hundert Meter ab. Etwa sechs Fallschirmraketen sollten auf Küstenfahrt immer einsatzbereit sein.

Hand- und Rauchfackeln

Diese eignen sich bei korrekter Handhabung für die Bergung durch Hubschrauber und generell in Landnähe oder auf Binnengewässern. Dennoch halten wir alle Handfackeln für weit gefährlicher als eine Signalpistole, die funktionssicherer ist. Handfackeln entwickeln etwa 60 Sekunden lang eine extreme Hitze von etwa 500 bis 600 Grad. Die Rauchentwicklung ist so stark, daß durch eine Fehlbedienung leicht Panik bei der Mannschaft aufkommen kann.

Zündet der Skipper die Rauchpatrone in Luv, breitet sich dichtester orangfarbener beißender Rauch auf die in Lee verharrende Bootsbesatzung aus. Sie springt zur gegenüberliegenden Seite, ein leichtes Boot oder die nicht weniger ranke Rettungsinseln kentern. Solche haarsträubenden Seenot-Aktionen passieren jedes Jahr.

Signalpistole

Mit dieser können Fallschirmraketen, Rauch- und Signalraketen optimal abgefeuert werden. Alle Signalpistolen sind mit einem abknickbaren Lauf ausgerüstet, damit Fehlbedienung weitgehend ausgeschaltet wird. Das Laden und Abschießen ist weitaus einfacher als bei allen Handfackeln und den großen Fallschirmraketen, die mit einer Reißleine gezündet werden.
Wir halten die Signalpistole für Fahrtensegler und Motorbootfahrer für absolut notwendig. In der Karibik gelten Signalpistolen als erprobtes Verteidigungsmittel gegen nächtliche Piraterie und ähnlich unerwünschte Gäste. 25 Schuß Munition, aufgeteilt in 10 Fallschirmraketen und 15 Schuss Rotfeuer sind okay.

Signalgeber

Die praktischen Signalgeber von Nico und Comet sind für Surfer und Jollensegler sicher ideal. Die Sichtbarkeit dieser kleinen Signale ist auf Küstengewässer und Binnenseen beschränkt. Über mehr als 10 Kilometer sind diese Signale kaum zu erkennen. Der Vorteil liegt in der Handlichkeit und den preiswerten Nachfüllmöglichkeiten. 30 Schuß Munition kann ohne Mühe in der Jackentasche verstaut werden. Bei Nachtwachen ist man mit dem Rettungsblitz und einem zusätzlichen Signalgeber gut ausgerüstet. Denn wer über Bord fällt, verspielt ohne Rettungssignale seine Chancen.

Sachgemäß lagern

Der Signalgeber kann selbst unter Wasser geladen werden. Die Munition ist gegen Seewasser-Einflüsse versiegelt. Fallschirmraketen und Handfackeln sollten möglichst trocken gelagert werden. Deshalb sind die besseren Seenotsignale alle in Plastikfolie eingeschweißt. Ein doppeltes Verschweißen ist in der Seenotbox sinnvoll. Dennoch beträgt die Haltbarkeit aller Seenotmittel nur drei Jahre. Brenndauer und Zündung können sich durch lange Lagerzeiten verändern.
Die Handhabung von Seenotmittel sollte ausprobiert werden. Auf dem Bodensee starben drei Skipper durch Unterkühlung, weil die Crew keine Erfahrung mit dem Funkgerät und den Signalmitteln hatte. Alle drei waren bei bester Gesundheit, als sie von Bord fielen oder selbst ins Wasser sprangen um einen Jungen zu retten.
Im Notfall darf, wie erwähnt, jeder, ohne Gesetze zu übertreten ein Funkgerät bedienen oder Signalraketen abschießen.

Vielfraß

Allem Anschein nach ist nur die Erdachse immer funktionsfähig. Alles andere braucht eine fürsorgliche Hand. In unserem Fall sind es Boote und ihre Motoren, deren schlimmster Feind die Korrosion ist. Sie verursacht Unfälle und viele technische Schäden am Motor sind eine Folge von nicht festgestellten oder ignorierten Korrosionsschäden. Bevor wir uns mit dem nötigen Schutz beschäftigen, sollten wir die Ursachen der Korrosion beleuchten und sie auch lokalisieren.

Der beste Motor ist nur so leistungsfähig wie sein Propeller. Salzverkrustungen verengen den Austritt der Auspuffgase an der Propellernabe (oben). Die Motorleistung wird schwächer. Der schwarze (oben rechts) und der weiße Propeller sind durch Grundberührungen leicht verbogen und die Propellerfläche ist beschädigt. Es führt zu unwuchtigem Lauf und geringerer Schubkraft bei hohem Verschleiß der Propellerwellen-Dichtung mit nachfolgendem Getriebeschaden durch Wassereintritt.

Die Montage eines Ersatzpropellers sollte man einmal auf dem Trockenen üben. An Floridas Küste kamen 1992 drei Motorbootfahrer beim Propellerwechseln um, weil sie über Bord gingen und abgetrieben wurden.

Wie Korrosion entsteht

Machen wir uns zunächst mit den verschiedenen Prozessen der Korrosion bekannt. Betriebsanleitungen gehen meist aus Platzgründen nicht umfassend genug auf dieses wichtige Thema ein. Die Fotos dokumentieren das Kernproblem aller Korrosionsschäden. Unter einer noch intakten Lackschicht lösen sich ganze Motorteile zu weiß-grauen Partikeln auf.

Häufig werden Trimmklappen, Badeplattformen, Hilfsspiegel und anderes Zubehör ans Schiff montiert, ohne daß ein Gedanke an mögliche Korrosionsschäden verschwendet wird. Meistens sind es die Kleinigkeiten, die letztlich zu folgenschweren Problemen führen. Man denke nur an einen falschen Antifouling-Anstrich oder einen falsch verlegten Landanschluß der Stromversorgung. Beides führt zu nachhaltigen Korrosionsschäden, mit denen seefahrende Neulinge überhaupt nicht rechnen.

Galvanische Korrosion

Werden zwei verschiedene Metalle elektrisch leitend miteinander verbunden und in einen Elektrolyten – z. B. Salzwasser – getaucht, entstehen durch den physikalischen (Potential-) Unterschied der Metalle galvanische Elemente. Das bedeutet, daß darin sogenannter Korrosionsstrom fließt. Das unedle Metall wird dabei anodisch (Anode), das edlere Metall kathodisch (Kathode) mit den entsprechenden Polen.

Unter dem Angriff aggressiver Stoffe – wie Salzwasser oder verunreinigtes Süßwasser – geht das anodische Metall unter Elektronenabgabe an die Kathode in Lösung: Es korrodiert.

Alle Außenbordmotoren werden aus gewichts- und fertigungstechnischen Gründen aus stark unterschiedlichen Metallen gefertigt. Ohne entsprechenden Korrosionsschutz würden sich die unedleren Metalle schon nach wenigen Monaten und Jahren im Salzwasser auflösen oder brechen.

Das Getriebegehäuse, oft die Propeller und andere Teile, bestehen aus einer Aluminiumlegierung. Die Motorwellen, Lager und Zahnräder müssen wegen der ernormen Belastungen aus hochlegierten Stählen hergestellt werden. Diese völlig verschiedenen Metalle werden vom salzhaltigen Seewasser – der Elektrolyt – innen über die Kühlung und außen umspült, so daß auch hier Korrosionsstrom fließt. Die Aluminiumteile werden damit anodisch polarisiert und zersetzen sich.

Schutzmaßnahmen

Auf zwei völlig verschiedenen Wegen läßt sich der Korrosionsprozess unterbinden (betrifft auch »Süßwassermotoren«):

- Passiver Korrosionsschutz
- Aktiver Korrosionsschutz

Unter passivem Korrosionsschutz versteht man Schutz- und Lackschichten, die äusserlich auf die Metalloberfläche aufgebracht werden. Die Angriffsfläche des Elektrolyten wird damit stark reduziert. Passiver Korrosionsschutz reicht bei Wasserfahrzeugen dennoch nicht aus. Jeder Lackschaden im Unterwasserbereich bedeutet akute Korrosionsgefahr.
Beim aktiven Korrosionsschutz, der als kathodischer Korrosionsschutz bezeichnet wird, greifen die Konstrukteure direkt in den Korrosionsprozess ein. Die schutzbedürftigen Bauteile werden mit unedlen Metallen (Zink, Aluminium, Magnesium), den sogenannten Opferanoden, elektrisch leitend verbunden, wodurch der Korrosionsprozess auf die relativ preiswerten, austauschbaren Metalle verlagert wird. Opferanoden zersetzen sich im Laufe der Jahre und die edlen Metalle bleiben »gesund«.

Fest einlaminierter Außenborderschaft an einem kleinen Seekreuzer. Ein halbes Jahr lag dieses Boot im Seewasser. Salzablagerungen und Seepocken haben die Kühlwasserkanäle verengt. Der notdürftig gereinigte Propeller wird kaum noch 50 Prozent der normalen Schubkraft entwickeln.

Fremdstrom als Schutz

Dieser kathodische Schutz basiert auf einer Fremdstrom-Quelle und wurde von Mercury entwickelt. Er wird heute von verschiedenen Motoren-Herstellern unter ihrem Markennamen angeboten. Bei diesem Verfahren werden die Elektronen, die zur Potentialsenkung und zum Schutz der Werkstoffoberfläche erforderlich sind, dem Negativ-Pol einer Batterie entnommen. Der positive Batteriepol wird mit Anoden verbunden, die im Gegensatz zu galvanischen Anoden aus resistenten Werkstoffen bestehen und von der schützenden Oberfläche (Kathode) isoliert werden müssen.
Aktiver und passiver Korrosionsschutz ergänzen sich in ihrer Funktion. Ein Kurzschluss in der Bordelektrik oder die sattsam bekannten Kriechströme (Streuströme) wirken sich direkt auf den Korrosionsprozess aus. Deshalb müssen alle elektrischen Anschlüsse oder Verbindungen optimal isoliert sein. Am besten eignet sich dafür ein Neopren-Spray. Später mehr davon.
Regelmäßige Kontrollen des Antriebs, sowie kleinere Schmier- und Wartungsarbeiten, kann jeder Skipper selbst durchführen. Hier sollen die wichtigsten Korrosionsschutz-Wartungsarbeiten gezeigt werden.

Außenbordmotoren werden grundsätzlich mit Seewasser direkt gekühlt. Innenbordmotoren sind meistens mit einer Zweikreiskühlung ausgerüstet und der Motorblock bleibt von Salzwasserablagerungen verschont. Bei diesem seewassergekühlten Außenborder-Motorblock sind die Kühlkanäle schon nach 2 Jahren korrodiert und von Salzablagerungen befallen. Möglichst nach jedem Motorlauf sollten die Kühlkanäle mit Süßwasser durchgespült werden, dann wird die Korrossion auf ein Minimum beschränkt.

Lackschäden

Der Decklack des Antriebs und der Maschine muß regelmäßig auf Beschädigungen überprüft werden. Kleine Kratzer und Schrammen sollten möglichst umgehend bearbeitet, geschliffen, grundiert und mit mindestens zwei Schichten lackiert werden. Blankes Metall führt zu erhöhtem Schutzbedarf des Antriebs. Die Zinkanoden zersetzen sich schneller und die Korrosion verstärkt sich.
Antifouling-Farbe auf Kupfer- oder Quecksilberbasis sind reines Gift auch für Außenbordmotoren. Man verwende Korrosionsschutz-Sprays (z. B. Corrosion Guard), wie von der jeweiligen Motorenfirma empfohlen. Alle 10 Tage, so schreibt etwa Mercury vor, sollten Motor, Antrieb, elektrische Anschlüsse usw. regelmäsig mit Korrosionsschutz-Spray behandelt werden.

Zinkanoden

Zinkanoden dürfen nicht überlackiert werden und sind regelmäßig auf ihren Zustand zu überprüfen und zu reinigen. Bei etwa 50% Abnutzung müssen die werkseitig vorgeschriebenen Anoden ersetzt werden. Die Anoden-Legierung muss auf den Antrieb abgestimmt sein, deshalb nur vorgeschriebene Anoden verwenden. Die Lage der Zinkanoden variiert je nach Motortyp. Die Betriebsanleitung gibt darüber Auskunft.
Meist sitzen die Anoden achtern an der Spiegelplatte, am Antrieb, an der Power-Trimm-Amnlage oder am Drive-Schaft. Bei einigen Motoren sitzt auch im Kühlsystem eine Anode. Zusätzliche Zinkanoden oder ein kathodisches Fremdstromsystem sind bei der Verwendung von Stahlpropellern nötig. Ein Bootsmechaniker kann sicher Auskunft geben.

Kühlsystem spülen

Motor und Antrieb sind nach Salzwasserbetrieb gründlich mit Süßwasser zu reinigen. Das gilt nach der Saison auch für den Süßwasser- und Brackwasserbetrieb, weil unsere Gewässer stark mit metallischen und chemischen Stoffen versetzt sind, die elektrolytische Reaktionen am Bootsantrieb bewirken. Das Kühlsystem sollte über einen Spülanschluß so oft wie möglich gereinigt werden.

Fremdkörper entfernen

Fremdkörper wie Angelleinen, die sich um den Propeller gewickelt haben, vermindern nicht nur die Propellerleistung, sie reduzieren auch den Sauerstoff an der Propeller-Oberfläche und führen damit zu Korrosion.

Schmierung schützt

Regelmäßiges Abschmieren verhindert die Korrosion an Knebelschrauben, Anlasserritzel, Schwenkrohr, Lenkrohr, Schalt- und Gasgestänge, Rückwärtsgangverrieglung, Schaltnocken, Steuerpinne, Verzahnung der Antriebswelle, Propellerwelle, Fernschaltung und anderen Teilen. Bei der Schmierung nach Betriebsanleitung nur das vorgeschriebene Schmierfett verwenden. Graphithaltige Fette dürfen nicht im Bereich von Aluminium verwendet werden (elektrolythische Reaktion).

Steganlagen und Spundwände

Die meist nur galvanisierten Metallteile von Steganlagen können durchaus zu Korrosion an Außenbordmotoren führen. In diesem Fall sollte das Boot mit dem Bug zum Steg festgemacht werden. Sämtliche metallischen Zubehör- und Anbauteile wie Trimmklappen, Badeleitern, Hilfsspiegel etc. erhöhen den Schutzbedarf des Antriebs. Eventuell zusätzliche Anoden oder Fremdstromanlagen anbauen bis der Schutzstrom wie vorgeschrieben anliegt. Es ist im allgemeinen Bootsmechaniker-Arbeit.

Stahlpropeller

Das ist ein schönes Stück Metall und es hat in diesem Zusammenhang seine Tücken. Mercury schreibt daher bei der Verwendung von Stahlpropellern die Fremdstrom-Anlage »MerCathode« vor. Eine zusätzliche Massescheibe nebst Schutzstromprüfung durch den Wartungsdienst ist Vorschrift.

Landanschluß-Kriechstrom

Über den 220 Volt-Landanschluß können Kriech-/Streuströme auf das Antriebsaggregat gelangen. Deshalb Galvanik-Isolator in den Schutzleiter schalten. Galvanische Ströme werden über den Minus-Leiter des Landanschlußes übertragen. Der Isolator blockiert diese Ströme, die Funktion des Schutzleiters bleibt erhalten. Wird die Bootsmasse nicht vom Wechelstrom-Landanschluß isoliert, kann weder die Zinkanode noch die Fremdstrom-Schutzanlage das zusätzliche Potential der galvanischen Korrosion abbauen. Ein Bootsmechaniker überprüft die Funktion der Anlage über ein VOA-Messgerät und Referenz-Elektroden.

Masseverbindung überprüfen

Die Spiegelplatte am Heck sowie der Antrieb sind mit Massebändern zu bestücken, um eine elektrische Verbindung zwischen Motor, Spiegelplatte und den Antriebskomponenten zu gewährleisten. Eine einwandfreie Masseverbindung ist Voraussetzung für die Funktion der Zinkanoden und des Fremdstrom-Schutzsystems.

Was rastet, das rostet

Beobachtet auf einem Motorkreuzer: Der Käpt'n putzt das Boot, seine Frau und zwei Töchter putzen sich selbst. Gegen diese verschiedenen Triebe der Natur wäre nichts einzuwenden, wenn der Skipper auch an den Reserve-Außenbordmotor denken würde, der da irgendwo in einem Schapp halbvergessen sein Dasein fristet.

2 mal 200 PS am Heck. Leistung satt für dieses amerikanische Trailerboot vom Typ Boston Whaler. US-Versicherungen bieten günstigere Prämien bei einer Doppelmotor-Anlage. Gute Werkstätten verleihen dort neue Motoren zum Erproben, während der alte Motor überholt wird.

Die Reserve pflegen

Die Seenot-Statistik weiß: Viele Motorbootfahrer geraten unverhofft in Seenot, weil die Hauptmaschine streikt. Und sie haben sich auf einen fabrikneuen Außenbordmotor verlassen, der ja irgendwo im Schiff lagerte. Mit ihm, so dachte man, würde man immer den sicheren Hafen erreichen, wenn auch etwas langsamer

Das konnte nicht gut gehen. Tatsächlich gammeln unzählige Außenborder in einem Schapp oder auf Deck. Aber schon beim ersten Startversuch klemmt dann der Kolben im Zylinder. Rost hat erbarmungslos zugeschlagen. Die Kolbenringe sitzen unverrückbar an der Zylinderlaufbahn fest.

Die Reserve wird teuer

Aber so mancher Skipper weiß sich ja auch zu helfen. Er schraubt die Kerze heraus und sprüht reichlich Korrosionsschutzöl in den Brennraum. Weil sich noch immer nichts rührt, greift er zum Schraubendreher und drückt damit durch die Zündkerzenöffnung auf den Kolben. Siehe da, der Kolben bewegt sich. Wohl kratzt Metall auf Metall im Zylinder, aber nach einigen Startversuchen springt der so malträtierte Motor tatsächlich an. Die kreischenden Geräusche lassen Schlimmes befürchten, doch der rettende Hafen ist ja schon in Sicht.

Im Clublokal lässt sich unser Skipper feiern. Die Reparaturrechnung verschweigt der Held. Es sind rund 1700 DM. Und es ist eine wahre Geschichte.

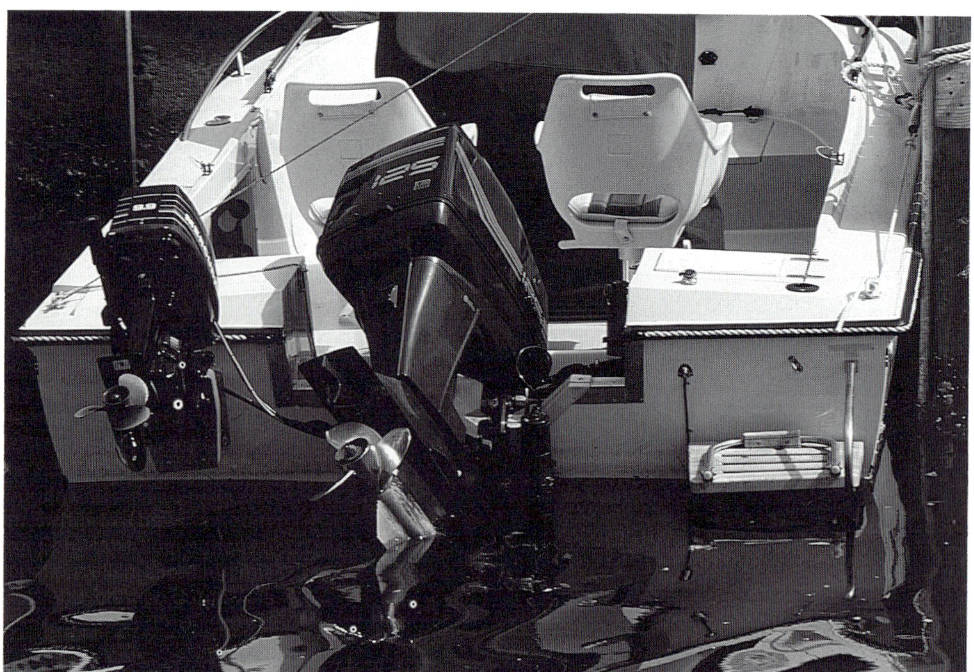

Zur Weiterfahrt in einem Notfall reicht der knapp 10 PS starke Ersatzmotor durchaus für ein 2 Tonnen schweres Sportboot. Der Hauptmotor hat 125 PS unter der Haube.

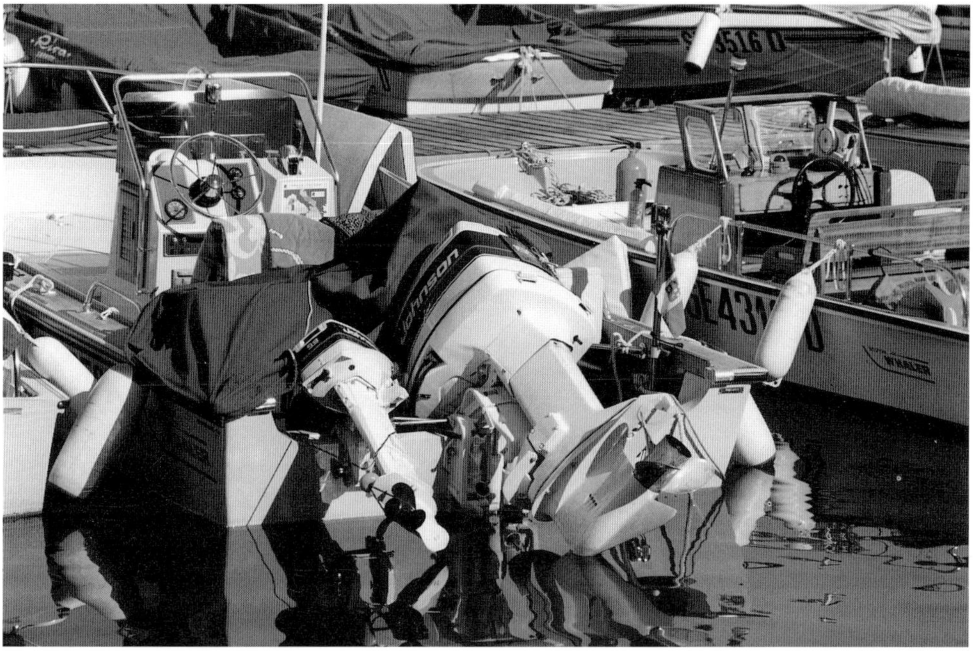

Der 150 PS starke Außenborder erdrückt fast den 10 PS starken Ersatzmotor am Heck dieses italienischen Sportbootes. Ohne entsprechende Pflege wird der Ersatzmotor im Notfall streiken.

Auf Segelyachten erweist sich ein gut gepflegter Beibootmotor immer wieder als Retter in der Not, wenn die Hauptmaschine kränkelt. Dieser 6 PS starke Johnson ist optimal gelagert und kann die 15 Tonnen schwere Yacht bei Flaute mittels Beiboot in den sicheren Hafen bugsieren.

Im Winterlager braucht der Motor einen sicheren Halt. Clevere Bootshändler verkaufen der Kundschaft schwenkbare Lagerböcke, die ihr Geld durchaus wert sind.

Schlecht gelagert

Was wurde falsch gemacht? Grundsätzlich altern Maschinen mehr durchs falsches Lagern, als durch schonenden Gebrauch. Namentlich in korrosionsfördernder Seeluft vergammelt ein stillgelegter und nicht ordnungsgemäß konservierter Außenborder innerhalb von rund sechs Monaten. Die gusseisenen Kolbenringe backen dann bereits an den Zylindern fest. Deshalb muß bei jeder Lagerung über 14 Tage Dauer-Konservierungsöl in den Brennraum gesprüht werden (siehe auch Winterlagerung). Bewährt haben sich der praktische Konservierungs-Spray von LM oder handelsübliches Storage-Öle von Castrol und anderen Firmen.

Zweitakt-Mischung hält nicht

Wie sieht es in diesem Zusammenhang mit dem Kraftstoff aus? Weil sich das Benzin-Öl Gemisch in wenigen Wochen zersetzen kann, muss der Ersatztank oder der eingebaute Falltank unbedingt vor der Lagerung entleert sein. Beim ersten Startversuch würde das ausgeflockte Öl schon die haarfeinen Düsen des Vergasers verstopfen.
Reserve-Zündkerzen sind kein Luxus. Durch die monatelange Lagerung kann sich nämlich Kondenswasser in den eingeschraubten Kerzen sammeln und das erfolgreiche Starten verhindern. Die Ersatzkerzen sollten separat in einem trockenen Behälter mit einem wasseraufsaugenden Päckchen (aus dem Fotobedarfs-Handel) aufbewahrt werden. Vor dem ersten Start werden die Ersatzkerzen eingeschraubt.

Gut gelagert

Der Reserve- oder Hilfsmotor sollte möglichst senkrecht mit Luftzugang und natürlich gut zugänglich gelagert werden. Das ist bei den meist beengten Verhältnissen natürlich nicht leicht zu bewerkstelligen. Aber der Motor sollte ja auch oft mit Korrosionsschutz-Spray behandelt werden, Mercury gibt ein zehntägiges Intervall an. Bei subtropischem Klima ist sogar tägliches Einsprühen ratsam. Nach jeder Motorbenutzung sind, wie erwähnt, die Kühlkanäle mit Frischwasser durchzuspülen.

Volle Kanne

In der Natur mancher Menschen liegt es nun einmal, Höchstleistungen zu erreichen und, wenn möglich, damit auf sich aufmerksam zu machen. Da macht der Motorsport auf dem Wasser keine Ausnahme. Immerhin kann der ganz normale Außenbord-Betreiber davon in mancher Beziehung noch lernen.

Die Schnellsten

Wie sieht die absolute Leistungsspitze auf dem Wasser aus? Die schnellsten Rennboote sind die Innenbordracer, so die amerikanischen »Unbegrenzten«, die »Unlimited Hydroplanes«, die mit Gasturbinen-Renntriebwerken um die Weltmeisterschaft fahren. Bei den Turbinen handelt es sich um Geräte von Pratt & Whitney, Ableger aus Kampfhubschraubern des Militärs, Die Leistungen liegen bei rund 3000 PS.
Stark vertreten sind auch Zwölfzylinder-Flugmotoren von Rolls Royce. Diese 24 Liter großen Kolbentriebwerke wurden schon im Zweiten Weltkrieg in die britischen Spitfire-Jagdflugzeuge eingebaut. »Unlimited Hydroplanes« erreichen die unglaubliche Geschwindigkeit zwischen 340 und 350 km/h. Allerdings sollte sich das Wasser möglichst beruhigt haben.
Die schnellste Rennstrecke ist das Miami Marine Stadium in Florida. Die atemberaubene Show dieser 14 Meter langen Rennmaschinen läuft nach der zwar schnellsten, aber auch wohl gefährlichsten Formel des Rennsports ab.

Gleitmittel damals. Europameisterschaft der Rennboote der C'U-Klasse 1958 in Berlin. Der Italiener Amerigo Minardi gewann diesen Lauf mit einem Johnson-Dreizylinder. Der Rumpf ist formverleimt aus Bootsbausperrholz.

Eines der schnellsten britischen Offshore-Rennboote der unlimitierten Klasse war dieses von AEG und Telefunken gesponsorte 14 Meter lange Aluminiumboot. Vier aufgebohrte Sechszylinder-Mercury-Motoren mit jeweils 300 PS brachten den Renner auf 150 km/h. Mangelnde Zuverlässigkeit der aufwendigen Mechanik ließ das Team bald von der Rennszene verschwinden.

Rumpf aufwärts. Alle bekannten Hersteller von Außenbordern beteiligen sich aus gutem Grund bei Motorbootrennen. Siege fördern den Verkauf der Serienmotoren. Technische Neuheiten werden zuerst bei Rennen getestet. Was sich dort bewährt, kann den Sportbootfahrern nur recht sein, die, wie das Bild zeigt, mitunter flott mit ihrem Boot unterwegs sind.

Hochleistung auf Hochsee

Das andere Extrem sind Hochsee-Rennboote. Bis zu 4000 PS starke Offshore-Racer kämpfen um ihren Weltmeisterschaftstitel. Hier liegt die maximale Geschwindigkeit bei knapp 220 km/h. Die absolute Geschwindigkeit ist in dieser Rennklasse weniger entscheidend. Was zählt, ist die Seetüchtigkeit bei hohen Geschwindigkeiten und rauhen Seebedingungen. Der Rumpf muss dabei schwerste Schläge aushalten. Die wichtigsten Rennen um die Weltmeisterschaft führen übers offene Meer

Der Filmstar Don Johnson, manchen bekannt aus der Fernsehserie »Miami Vice«, errang in dieser teuersten Rennbootklasse einen Weltmeister-Titel. Der sportbegeisterte Mann von Prinzessin Caroline von Monaco erlitt bei einem dieser Wettbewerbe in den Trümmern seines Offshore-Rennbootes einen tödlichen Unfall. Es könnte, so vermuten Experten, ein Fahrfehler gewesen sein.

Auch Zwölfzylinder-Formel 1-Rennmotoren sind jetzt in der schnellsten europäischen Offshore-Rennen an der Arbeit. Aufgebohrte Lamborghini-Zwölfzylinder-Grand Prix-Motoren sind derzeit die leistungsfähigsten Maschinen mit einer Ausbeute bis zu 900 PS. Mit dem Preis von einer viertel Million Dollar pro Motor sind diese Triebwerke wahrlich in jeder Beziehung exklusiv. Und wer gewinnen will, muss noch multiplizieren können – er braucht etwa acht Motoren pro Saison.

Renn-Außenborder im Zweitakt

Weil sich Zweitaktmotoren ohne den aufwendigen und daher störanfälligen Ventiltrieb leichter über extrem hohe Drehzahlen tunen lassen als jeder Viertaktmotor, sind die schnellsten Rennboote der Außenborder-Klassen mit Zweitaktmotoren ausgerüstet. Hier kommt auch die Benzin-Einspritzung zum Zuge.

Die renommierten Berliner Außenborder-Werke König beherrschen die kleinen Rennboot-Klassen seit Jahrzehnten. Die Spezialmotoren sind handgefertigt für maximale Leistung bei geringem Hubraum. König entwickelt auch Serienmotoren im Fremdauftrag und baut luftgekühlte Drei- und Vierzylinder-Sternmotoren für Flugzeuge der Ultraleicht-Klasse.

V6-Johnson-Langstrecken-Rennmotor mit etwa 290 PS. Dreht mit über 9000/min. Der gleiche Motorblock wird in der Serie mit 150 PS verkauft.

Zwischen den amerikanischen »Unlimited Hydroplanes« und den Offshore-Rennboten, die wie erwähnt, mit Innenbordmotoren ausgerüstet sind, liegen die schnellsten Außenbord-Rennboote. Hier wird von den nationalen kleineren Klassen ab 350 cm^3 bis hin zu den Formel 1-Rennbooten und der unlimitierten Klasse um Erfolg und Preisgeld gekämpft.
Jeweils zwei bis vier Außenbordmotoren werden in die Kevlar- oder Aluminiumrümpfe eingebaut. Standard-Motorisierung sind zwei V8-Motoren aus dem amerikanischen Stock Car-Rennsport mit je 800 PS bei 7,6 Liter Hubraum.
Bei den amerikanischen Nationals treffen die schnellsten Fahrer aufeinander. Die absolute Spitzenkombinationen sind handgefertigte Sechs- und Achtzylinder von Mercury und Outboard Marine mit Leistungen von 450 bis 750 PS. Der Hubraum schwankt zwischen 2500 und 4200 cm^3. Diese Kraftpakete entwickeln bei etwa 12000/min eine Beschleunigung, die praktisch allen anderen Motoren überlegen ist.

Zweitakter mit Gewichtsvorteil

Bei der großen Spurtstärke macht sich auch das optimale Verhältnis des Zweitakt-Prinzips zwischen maximaler Leistung bei geringem Gewicht bezahlt. Der Spritverbrauch spielt bei den nur 15-minütigen amerikanischen Superrennen keine Rolle. Ein 750 PS starker Achtzylinder-Mercury-Rennmotor schluckt etwa 250 Liter Sprit pro Stunde.
Bei den europäischen Rennen sind die Achtzylinder-Rennmotoren nicht mehr erlaubt, weil zu wenige Teams die enorme Kosten aufbringen können. Auch den Herstellern erschien die Rennbeteiligung zu aufwendig. Derzeit liegt das Hubraum-Limit bei V6-Motoren bei maximal 3500 cm^3.

7 Weltrekorde hält dieser Sechszylinder-Mercury-Reihenmotor bei Beschleunigungsrennen, den amerikanischen Dragster-Rennen. Die Distanz ist nur 402 Meter lang. Der Hubraum beträgt 2500 cm³. Leistung über 400 PS bei 12000/min.

Auf einem feuchten Luftpolster reitet dieses amerikanische Dragster- Rennboot im »Long Beach Marine Stadium« über das Wasser. Spitze immerhin 170 km/h.

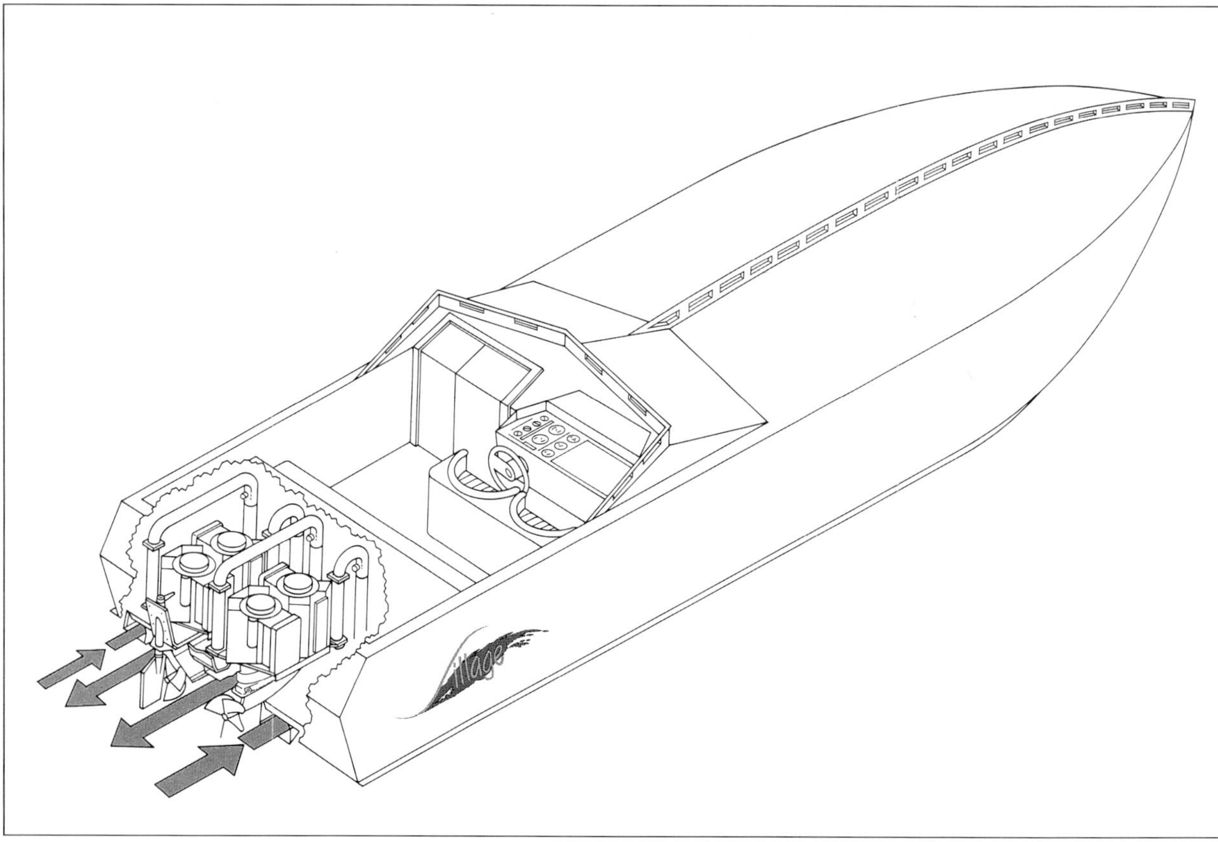

4 Mercury-V6-Zweitakt-Außenborder bringen je 200 PS beim Sillage-Sportboot auf 2 konventionelle Wellenanlagen Vorteilhaft ist das geringe Motorgewicht, Nachteilig die komplizierte Getriebeanordnung und der hohe Verbrauch im Vergleich zu 2 V8-Innenbord- Benzinmotoren von General Motors mit gleicher Leistung.

Die schnellsten Rundstrekken-Rennboote sind die »Unlimited Hydroplanes« aus Amerika. Miss Budweiser's Avco Lycomming- Gasturbinen-Triebwerk gibt bei einem Gewicht von nur 340 kg etwa 2650 PS an die Propellerwelle ab. Maximalfahrt bei respektablen mehr als 350 km/h.

Unfassbar schnell sind die amerikanischen Dragster-Rennboote. Die Renndistanz beträgt ganze 402 Meter oder eine Viertelmeile. Jeweils zwei Fahrer treten zum stehenden Start gegeneinander an. Im Ziel zeigt die Zeitnahme unglaubliche Beschleunigungswerte an. So wurde ein Rekord von 286 km/h in fünf Sekunden gemessen. Die Zielgeschwindigkeit lag bei über 300 km/h.
An sich müsste sich jeder Konstrukteur von Grand Prix-Rennwagen mit dem Zweitakt-Prinzip anfreunden. Wo gibt es mehr PS bei geringstem Gewicht, wenn man einmal von den Renn-Wankelmotoren von Mazda absieht? Weil aber die Mindestdistanz bei Grand Prix-Rennen über 250 Kilometer geht, frisst der Mehrverbrauch des Zweitaktmotors das geringere Gewicht auf. Er lohnt sich nicht über diese Distanzen von etwa 90 Minuten Renndauer.
Bei den knapp zehnminütigen Bergrennen wurden umgebaute Zweitakt-Außenbordmotoren allerdings schon mit beachtlichem Erfolg eingesetzt. So gilt Deutschlands bekanntester Motorboot-Rennfahrer Michael Werner als Spezialist für diese interessanten Triebwerke.

Vom Rennsport profitieren

Motorboot-Rennfahrer experimentieren stundenlang mit dem optimalen Trimm, weil sich damit das Kurvenhandling verbessert oder verschlechtert. Bei den 2500 PS starken amerikanischen Unlimited Hydroplane-Rennbooten wird der Steuertrimm mit dem Bordcomputer gesteuert. Die kleine Trimmflosse wirkt natürlich bei stark motorisierten Booten besonders deutlich.

Hoch hinaus. Ex-Weltmeister Michael Werner bei einer Testfahrt für eine amerikanische Bootsfirma. Eine schwach dimensionierte Motorhalterung würde dem enormen Druck des frisierten 150 PS Mercury Motors schnell nachgeben.

Langwierige Versuche sind ebenfalls nötig, um den richtigen Propeller und den besten Trimm für den entsprechenden Wellengang zu finden. Dabei fährt man mit vollem, halb- und fast leerem Tank.
Propeller für Spezialeinsätze, also auch im Rennbetrieb, werden als sogenannte »Cupped« oder »Cupped-edge« aus Bronzelegierung gefertigt.
Die Empfehlung, bei einem Öl zu bleiben, demonstrieren vor allem die professionellen Rennbootfahrer. Sie mixen sich ihr optimales Gemisch zu Hause und transportieren es durch ganz Europa zum jeweiligen Startplatz. Zweitaktmotoren lassen sich besonders effektiv tunen. Das Leistungsplus wird über einen größeren Luftdurchsatz (Vergaser) und eine gut abgestimmte Auspuffanlage erzielt. Der Gesetzgeber lässt Tuningarbeiten bei Fahrzeugen durchaus zu, wenn die Mehrleistung vom TÜV abgenommen wird.
Inwieweit Modifikationen auf dem Wasser beachtet werden, ist nicht recht klar. Führerscheinfreie 4 PS-Motoren verlieren nach den Bestimmungen ihre Gültigkeit, wenn daran in diesem Sinne geschraubt wurde. Der Bootsbesitzer fährt dann ohne Bootsführerschein, was belangt werden kann. Doch ist uns kein Fall bekannt, wonach ein Bootsfahrer in diesem Fall zur Kasse gebeten wurde. Nicht zu vergessen: Bei Änderungen am Motor erlischt die Garantie. Und bei einem Unfall kann sich die Versicherung querlegen.
Kleinere Motoren lassen sich mit wenigen Handgriffen in der Leistung steigern. Aus Kostengründen fertigen die meisten Motorenhersteller in der 6-, 8- und 10-PS-Klasse hubraumgleiche Motorblöcke und verändern in der Regel nur den Vergaser-Quersschnitt. Das Reduzierblech im Lufteinlass des Vergasers kann von einem Bootsmechaniker leicht entfernt werden. Ein erfahrener Praktiker erkennt am gleichen Hubraum die Größe des Motorblocks trotz unterschiedlicher Leistungsdaten.
Ähnlich ist es bei 25- bis 50 PS-Motoren möglich. Hier sind die entsprechenden Motorblöcke fast immer identisch. Ein größerer Vergaser und ein geänderter Zündzeitpunkt sorgen für höhere Drehzahlen und damit mehr Leistung bei gleichem Hubraum.

Schlafkur

Es ist immer ein trauriger Moment, wenn wir in unseren geographischen Breiten das Winterlager für unsere Seepferdchen einrichten müssen. Aber was hilft's, wir müssen die Jahreszeiten nehmen, wie sie kommen. Und Standzeiten sind ja auch dort die Regel, wo sich die Sonne weniger versteckt.

Außenborder machen es leichter

Im Vergleich zu Innenbordmotoren sind Außenborder wesentlich einfacher zu warten. Und das geringere Gewicht und die kompakten Maße sind gute Voraussetzungen für den Transport zur Wartung oder zum Winterlager. In den Werbebroschüren führen ja auch adrette Damen die Leichtigkeit des Transports von PS-starken Außenbordmotoren vor. Aber trifft das wirklich zu?

Gewicht nicht unterschätzen

Ein 10 PS starker Zweitakter kann von einer Frau gerade noch in den Kofferraum eines Autos gepackt werden. Aber mit der Motorleistung steigt auch das Gewicht. So wiegt ein 40 PS starker Außenborder schon rund 70 kg. Körperlich schwach trainierte Menschen riskieren einen Hexenschuß oder Schlimmeres. Nur wenige starke Männer wuchten einen 90 kg schweren 65 PS-Motor noch in das Auto.
Weil Zweitaktmaschinen robust und wartungsfreundlich sind, verzichten viele Bootseigner auf das Konservieren von Motor und Getriebe. Diese Bequemlichkeit kann Folgen haben, man lese weiter.

Wahre Geschichte

Ein neugebackener Freund des Wassersports fuhr bis Ende Oktober im salzhaltigen Mittelmeer Wasserski. Die Rückreise nach Stuttgart erfolgte, ohne den Anhänger und den Motor an Land durchzuspülen. Mit dem Anhänger war das Boot aus dem Wasser geslipt worden. In der Heimat standen Anhänger und Motor bis Anfang April in der geheizten Garage. In den Osterferien war ein Bootsausflug den Neckar hinunter geplant. Aber das Gewissen regte sich und so wollte man sein Gespann zuvor noch zu einer Service-Werkstatt bringen.
Nach wenigen Kilometern Fahrt roch es verbrannt. Die Auflaufbremse des Trailers war durch das Salzwasserbad am Mittelmeer blockiert. Der ADAC half mit einer Notreparatur. Nach der Ankunft bei der Johnson-Werkstatt wurde der Motor in Empfang genommen.

Teure Unterlassung

Startversuch im Testtank: Fehlanzeige. Der Motor blieb in der Werkstatt. Nach einer Woche glaubt der Motor-Eigner seinen Augen nicht trauen zu dürfen: Auf der Reparatur-Rechnung stand ein Betrag von 2783 DM plus Mehrwertsteuer. Die Reparatur des Hängers kostete noch einmal rund 890 DM. Die nachfolgende eheliche Auseinandersetzung löste eine Beschwerde wegen nächtlicher Ruhestörung aus.

»Boating« auf amerikanische Art, Verkehrsgefährdung durch diesen Bootstransport. Der schwere Motor ragt weit nach hinten hinaus und verschlechtert die Fahreigenschaften durch den negativen Hebeleffekt auf den Zugwagen. Optimal ist das »Trockendock« für die beiden Achtzylinder-Motoren. Die Giftfarben für den Unterwasseranstrich sind auch in Kaliforniens Gewässern verboten (seit 1993). Nach jeder Fahrt wird das schnelle Gleitboot aus dem Wasser geholt und mit dem Hochdruck-Dampfstrahler abgespritzt und der Algenbewuchs verschwindet.

Weil sich Sportboote mit einem speziellen Gabelstapler leicht auf das Land manövrieren lassen, bevorzugen viele amerikanische Eigner den preiswerten und materialschonenden Liegeplatz an Land. Die Werft garantiert das Einwassern in der Zeit von etwa 30 Minuten.

Zum Reparatur-Umfang gehörten: Das Auswechseln der Wasserpumpe am Motor, der Vergaser war durch Altölreste blockiert, die Zündanlage litt an korrodierten Kontakten, im Getriebe stand wasserdurchsetztes Öl. Ein Kolben klemmte wegen festgegangener Kolbenringe. Auch zahlreiche Übertragungszüge und Gelenke am Motor zeigten starke Korrosionsschäden durch Salzwassereinfluß und letzteres betraf auch den Anhänger.
Der Wert des nur neun Monate alten Motors und Anhängers lag nach der Reparatur bei höchstens 50% der Neuanschaffungs-Kosten.

Aggressives Salz

Die durch Unkenntnis entstandenen Schäden hätten verhindert werden können. Da weder Motor noch Anhänger salzwasserbeständig sind, hätten beide für die längere Standzeit umgehend äusserlich und innerlich mit Süßwasser durchgespült und konserviert werden müssen. So aber lagerten sich Salzkristalle ab, die auch jede Bremsanlage ruinieren.
Und im Motor bedeuten Salzrückstände ein Verbacken des Wasserpumpen-Impellers. Er reißt beim ersten Startversuch nach dem Winterlager. Der Motor überhitzt mangels Kühlung in wenigen Minuten. Der Kolbenklemmer entstand durch Rost im Zylinderraum. Ohne eingespritztes Konservierungsöl sind Kolben und Zylinderschäden unvermeidlich, wenn der Motor länger steht. Die geheizte Garage förderte Korrosion und Rost noch mehr.

Äußere Korrosionsschäden sind mit Pflegemitteln und den richtigen Schmierstoffen an den Gelenken über viele Jahre vermeidbar. Sorgsame Bootseigner konservieren ihren Motor schon für dreiwöchige Standzeiten.

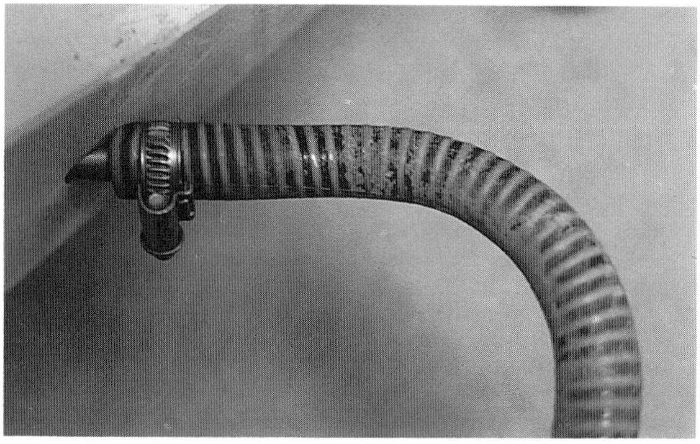

Selbstgebauter Transportbock für das Winterlager. Macht sich bezahlt, weil der Rücken des Eigners beim Transport des schweren Motors geschont wird. Oben Süßwasserdusche für den Motor, Maßnahme mit großer Wirkung. See- und Salzwasserrückstände wirken sonst zerstörend auf Kühlwasserkanäle und Wasserpumpe.

Überwinterungs-Fahrplan

Beschreiben wir hier die absolut notwendigen Konservierungsmaßnahmen für das Winterlager bzw. für längere Standzeiten. Nach folgendem Plan sollten Zwei- und Viertakt-Motoren behandelt werden:

1. – Motor im Testtank mit frischem Süßwasser für etwa zehn Minuten mit Viertel- bis Halbgas laufen lassen. Ein aufgeschnittenes Ölfaß eignet sich gut als Testtank. Kühlwasser-Kanäle von Salzwasser und verschmutztem Süßwasser säubern. Die Wasserpumpe muß von Salzpartikeln gereinigt werden. Benzinhahn auf Schließstellung, Motor weiter laufen lassen.

2. – Dünnflüssiges Konservierungsöl (Storage-Öl) bei langsam laufendem Motor in den Vergaser-Einlaßkanal spritzen. Der Luftfilter ist vorher entfernt. Der Motor fängt stark zu qualmen an. Jetzt Sprühstrahl verstärken, bis der Motor an Überfettung abstirbt. Der Vergaser ist jetzt innen konserviert. Etwas Konservierungsöl ist auch im Zylinderraum angelangt – nicht genug für längere Standzeiten. Deshalb:

3. – Zündkerzen herausschrauben und etwa zwei Esslöffel Storage-Öl je Zylinder einfüllen und Motor von Hand langsam durchdrehen. Die Zylinderlaufbuchsen und Kolbenringe werden damit geschmiert und konserviert. Kolbenstand mit geeignetem Gegenstand (Bleistift) auf mittlere Kolbenhub-Stellung kontrollieren. Auspufföffnungen sind damit geschlossen und Witterungseinflüsse gelangen nicht an die Zylinderwände. Kerzen wieder eindrehen.

4. – Restliches Benzin im Tank vollständig entfernen, sonst zersetzt sich das Motoröl und flockt aus. Benzinfilter reinigen oder ersetzen.

5. – Äußere Motor- und Getriebeteile mit Süßwasser reinigen und mit einem leicht öligen Tuch abreiben. Schwer erreichbare Stellen mit Konservierungsspray (z. B. WD 40) oder alter, öliger Zahnbürste behandeln.

6. – Elektrische Kontakte mit WD 40-Kontaktspray einsprühen.

7. – Getriebeöl wechseln, weil sonst Kondenswasser und eventuell auch Salzwasser-Rückstände den Innereien zusetzen. Milchige Ausscheidungen im Altöl zeigen Wasserbeimischung durch poröse Dichtungsringe an.

8. – Übertragungsgestänge, Motorhalterung, Kippeinrichtung – grundsätzlich alle beweglichen Teile mit salzwasserfestem Outbord-Spezialfett abschmieren. Das preiswerte Staufferfett aus der Autowerkstatt eignet sich nicht für den Betrieb im Wasser. .

9. – Motor an trockenem, belüftetem Platz stehend lagern. Bei liegender Stellung kann Restflüssigkeit in den Kolbenraum gelangen. Wird der Motor im Freien gelagert, empfiehlt es sich, Ansaug- und Auspufföffnungen zu verstopfen.

10. – Starterbatterie an automatisch regelndes Ladegerät anschließen und Flüssigkeitsstand in Batterie prüfen.

Mit diesen Konservierungsmaßnahmen kommt der Außenbordmotor unbeschadet über den Winter.

Auch Zubehör korrodiert

Man darf freilich nicht vergessen, daß natürliche Verschleiß-Erscheinungen, namentlich bei Salzwasserbetrieb, schon nach einer Saison auftreten. UV-Strahlen in Verbindung mit Salzwasser sind Gift für Kunstoff- und Gummiteile.

Brüchige Zündkabel sind am Rhein eine Seltenheit. In Marseille zeigte uns ein Bootsmechaniker eine stattliche Kollektion defekter Kabel. Nach seiner Ansicht sollten sämtliche Steck- und Kabelverbindungen alle zwei Jahre routinemäsig ausgetauscht werden. Viele Start- und Zündprobleme resultieren aus nicht mehr optimal leitfähigen Steck- und Kabelverbindungen.

Weil heute fast jeder Motor mit einer kontaktlosen elektronischen Zündbox ausgerüstet ist, fließt mit neuen Kabeln – einfach ausgedrückt – mehr Strom durch die Leitungen. Kontaktfehler im Zündkreis können aber damit verdeckt werden. Im ungünstigen Fall bleibt der Motor direkt an der Hafeneinfahrt stehen und innerhalb von wenigen Minuten treibt das Boot auf die kantige Hafenmole.

Inspektion Zündanlage

Die folgende Liste ist Bestandteil der Wartungsanleitung. Diese Arbeiten kann sich jeder Bootsfahrer selbst zutrauen. Ein Bootsmechaniker führt diese Wartungsarbeiten routinmäßig bei jeder 100-Stunden-Inspektion neben zusätzlichen Arbeiten durch, von denen aber der Unkundige besser die Finger läßt.

1. – Zündkabel abziehen, Salzwasserreste an den Kontakten beseitigen und mit Kontaktspray behandeln. Auf Risse und Kabelbrüche genau kontrollieren. Eventuell neue Zündkabel und Kerzenstecker aufziehen. Keine Motorrad-Kerzenstecker als »billige« Alternative verwenden. Nur originale Außenborder-Stecker und -Kabel verwenden.

2. – Zündverteilerkappe – falls vorhanden – innen und außen reinigen, mit Kontaktspray leicht einsprühen. Bei älteren Motoren mit Unterbrecherkontakten diese reinigen und den Schließwinkel kontrollieren. Kontaktlose Zündanlagen sind wasserdicht versiegelt: Wartungsarbeit nur für Mechaniker.

3. – Zündkerzen wechseln. Kontaktabstand mit Fühlerlehre überprüfen. Bei Hochspannungszündanlagen sind Spezialkerzen vorgeschrieben. Das technische Datenblatt in der Betriebsanleitung zeigt den richtigen Kerzentyp mit dem entsprechenden Elektroden-Abstand.

Getriebe und Propeller

Viele Antriebsprobleme sind die Folge von Wartungsmängel am stark belasteten Getriebe und der Schraube. Getriebe-Reparaturen sind besonders teuer, deshalb folgende Service-Arbeiten gleich nach der letzten Fahrt der Saison durchführen:

1. – Propeller abziehen und reinigen. Schaft mit Außenborder-Spezialfett schmieren. Scherstift wechseln.

2. – Propeller auf Beschädigungen kontrollieren. Selbst eine geringe Unwucht führt zu teuren Folgeschäden.

3. – Getriebeöl ablassen und sorgfältig auf Metallpartikel untersuchen. Altes Öl zur optischen Kontrolle durch weiße Kaffee-Filtertüte laufen lassen. Neues Getriebeöl nach Vorschrift einpressen.

4. – Zinkanoden überprüfen und, wenn »angefressen«, auswechseln.

»Kosmetische« Maßnahmen

Bearbeiten oder Reparaturen des Äußeren sind bei den wetterexponierten Außenbordmotoren besonders wichtig. Freiliegendes Aluminium wird mit feinem Schleifpapier sauber angeschliffen und mit dem Original-Farbtonlack behandelt.

Die Zusammensetzung der Farben ist bei Außenbordmotoren anders als bei Personenwagen. Feine metallische Beimischungen führen bei den Aluminiumteilen zu elektrolythischen Reaktionen. Die Oberfläche zersetzt sich, Schrauben können ausreißen. Eine Vielzahl von Problemen resultiert aus nicht geeigneten Farben.

Überwinterung beim Fachmann

In den USA ist es üblich, Motoren aller Art, auch Kleinmotoren, einem Fachbetrieb zur Einlagerung zu übergeben, wenn der Motor länghere Zeit nicht gebraucht wird. Der Gegenwert besteht darin, daß der Motor durch Korrosion nicht zu Schrott und ein neuer Motor fällig wird. Auch in unserer Breiten wird das schon praktiziert. Es ist für manchen Motoreigner durchaus überlegenswert.

Machen Sie's gut

Vor der Natur, so schön und erhaltenswert sie sein kann, muß sich der Mensch auch schützen, so vor den Einflüssen der Witterung. Diesen Schutz muß er – ob in Beruf oder Freizeit – auch auf seine Maschinen übertragen. Und da ist wohl kaum ein anderer Motortyp so sehr den Angriffen von Seewasser und Wetter ausgesetzt wie Außenbordmotoren.
Hochwertige Pflegemittel sind deshalb Voraussetzung für deren lange Betriebssicherheit. Jede Motorenfirma bietet eine große Palette dieser Mittel an.
Leicht irritiert – das ist wohl auch so gewollt – findet der Neukäufer den Hinweis in der Betriebsanleitung: »Verwenden Sie ausschließlich unsere Pflegemittel XY, sonst übernehmen wir keine Garantieansprüche.« Rechtlich haltbar sind Hnweise wie diese nur in wenigen Fällen.

Getriebe-Schmierung

Die Getriebe-Konstruktion mit stark unterschiedlichen Metall-Legierungen erfordert einen ganz speziellen Getriebeöl-Typ, der sich wesentlich von Auto- oder Motorrad-Getriebeölen unterscheidet, obwohl die Viskosität fast übereinstimmt.
Daher ist beim Getriebeöl der Werkshinweis bindend, denn nur ein erprobtes Außenborder-Getriebeöl behält noch seine Schmierfähigkeit, wenn sich Kondenswasser oder kleine Mengen von Seewasser im Getriebeöl vermischt haben. Die Schmiereigenschaften bleiben weitgehend erhalten, obwohl das Öl-Seewasser-Gemisch eine milchig trübe Färbung angenommen hat.

Außenborderfett

Viel gebraucht wird ein Außenborderfett. Es muss seewasserbeständig sein. Die Mehrausgabe zu den üblichen Schmierfetten (z. B.«Stauferfett«) ist hoch, dennoch braucht jeder Motor an allen Übertragungsteilen das spezielle Außenborderfett. Die Alterungsbeständigkeit ist besser, es harzt weniger und schützt die blanken Leichtmetallteile länger gegen alle Einflüsse. Ob man dabei ein Fett von Yamaha oder Johnson verwendet, spielt keine Rolle. Schmierplan und Schmierintervalle sind in der Betriebsanleitung vermerkt.

Korrosionsschutzöl

Dieser Öltyp wird auch als Storage-Öl gehandelt. Bei der Lagerung und Einwinterung ist ein gutes Korrosionsschutzöl unerlässlich. Es verhindert, wie geschildert, Verrostung im Brennraum und anderen Stellen, die sich nicht von Hand konserviert lassen.
Die Motorenfirmen und LM bieten ein sehr wirkungsvolles und praktischen Korrosionsschutz-Spray an, das über den Vergaser oder die Zündkerzenöffnungen in den Brennraum gesprüht wird. Preiswerter ist Storage-Öl aus der 1-Liter-Dose von Castrol, Veedol oder anderen Herstellern, angeboten als Lageröl.

Kühne Kehre. Außenbordmotoren werden zumindest deswegen strapaziert, weil sie unter ständigem Witterungs- und Wassereinfluß stehen. Ihre Leistung beziehen sie heute aus hochentwickelter Technik. Das muss sich nicht gegenseitig ausschließen, nimmt man sich die Zeit für sorgfältige Pflege und Wartung.

Sprühöl

Man sollte es nicht mit dem Korrosionsschutzöl verwechseln. Sprühöl, z. B. WD 40, verhindert die Korrosion auf elektrischen Kabeln und blanken Teilen. Dieses Öl unterwandert die Feuchtigkeit und sichert bei Zündkabeln mit poröser Oberfläche den erforderlichen Zündfunken. Die Wirkung lässt nach wenigen Tagen nach, deshalb empfehlen manche Hersteller eine 10- bis 14-tägige regelmäßige Anwendung.
Sprühöl ist ein erprobtes Mittel mit sehr variablen Anwendungsmöglichkeiten. Die Zündkerzen-Gewinde sollten wir allerdings niemals mit einem Öl behandeln, sonst backt das Gewinde unverrückbar im Alu-Zylinder fest.

Motorreiniger

Damit lassen sich Ablagerungen an den Kolbenringen entfernen. Verbrennungsrückstände vermindern die Motorleistung bei Zweitaktmotoren im Laufe der Saison. Dennoch sollten die Motorreiniger-Sprays nur bei betriebswarmen Motor und genau nach Vorschrift benutzt werden.

»Kosmetik«-Mittel

Ein ordentliches Schutzwachs hält die Motorhaube und andere Verkleidungsteile länger sauber. Vor aggresiven Lackreinigern kann man nur warnen. Diese enthalten mikrofeine metallische Schleifmittel, die am Außenbordmotor zu der schon besprochenen Elektrolyse führen.

Motorlack

Wird im allgemeinen vom Motorenhersteller angeboten und beseitigt Lackschäden. Die Zusammensetzung der Lackschichten unterscheidet sich je nach Hersteller ganz erheblich. Deshalb nur Originallacke verwenden. Bei allen Lackreparaturen müssen Schleifmittel auf metallischer Basis tabu bleiben. Die kleinen Metallpartikel z. B. einer Drahtbürste sammeln sich überall an und bilden in wenigen Tagen hässliche Roststellen, die sich immer mehr ausbreiten.

Wer hat, der hat

Für Reize der verschiedensten Art ist der Mensch und so auch der seegehende Mensch durchaus empfänglich. Ständig neue Kaufanreize freilich, mit denen sein Besitz allzu schnell veraltet, machen ihn jedoch eher ungemütlich.

Neue Marktgebräuche

Daß sich die Hersteller von Außenbordmotoren zunehmend mehr den Wünschen der Käufer anpassen, ist ebenso überraschend wie erfreulich. So gehört heute zum Vorteil der Kunden der jährliche Modellwechsel vielfach der Vergangenheit an. Eine längere Modellkonstanz fördert ja auch die Markenbindung und erleichtert den Werkstätten die teure Ersatzteilhaltung.

Irgendwann werden auch deutsche Wassersportler wieder ins einstige Jugoslawien zurückkehren. Die Ersatzteilversorgung dort dürfte wie schon in Friedenszeiten mehr dem Zufall als der Planung überlassen sein. Dieses kroatische Boot ist gewiss keine Schönheit, aber der Skipper beweist mit den beiden Tomos-Motoren und der geschlossenen Kabine Weitsicht auf die Stürme des Lebens und der See.

Die meisten Hersteller verwenden bei der 6 PS- bis 10 PS-Klasse den gleichen Motorblock und das Getriebe und passen oft nur die Vergaserquerschnitte oder die Düsen der jeweiligen PS-Klasse an. Der Basismotor ist dann zum Beispiel die 8 PS-Ausführung, der 6 PS-Motor hat lediglich andere Düsen und das 10 PS-Modell ist mit einem größeren Vergasereinlass und Düsen bestückt. Das und höhere Drehzahlen lassen die Mehrleistung erreichen.

Im alten Hafen von Hongkong wimmelt es von Booten. Hier werden auch nachgebaute Ersatzteile für japanische und amerikanische Großserien-Außenbordmotoren gefertigt. In Amerika schätzt man den Anteil der »Raubkopien« schon auf 4 Prozent vom Ersatzteilumsatz und mit steigender Tendenz.

Mit dem Werkstatthandbuch und der passenden Ersatzteilliste kann der Motorenfachmann im Ausland Ersatzteile beim Importeur per Fax oder BTX bestellen und auch komplizierte Motoren reparieren.

Die Ersatzteilversorgung

Beim Aufenthalt im Ausland bietet die Modellkonstanz entscheidende Vorteile. Beispielsweise wird die Transistorzündbox eines 15 PS-Motors meist auch bei den 20-, 25-, 35- und 50 PS Modellen verwendet. Die Kolben eines 20 PS-Zweizylinder-Motors passen oft in die Dreizylinder-70 PS-Maschine. Fragen Sie vor der großen Auslandsreise beim Service nach diesen standardisierten Teilen.
Der passende Ersastzteilkatalog ist mit seinen informativen Explosionszeichnungen die ideale Basis für Ersatzteil-Bestellungen mit Telefax. Jedes größere Hotel und alle größeren Postämter verfügen heute über ein Telefaxgerät.

Agenturen helfen

Die besten Erfahrungen konnten wir bei amerikanischen Charter-Agenturen und bei Lufthansa-Auslandsagenturen machen. Dort half man uns gegen eine humane Telefax-Gebühr anstandslos weiter. Der Versand der Ersatzteile ist über ein privates, weltweit operierendes Unternehmen wie Federal Express, DHL oder UPS allemal schneller und zuverlässiger als mit dem normalen Postversand. Die Gebühren sind dafür allerdings etwas höher.

Maßnahmen zuvor

Bei unseren ausgedehnten Reisen hat sich folgendes Verfahren bewährt:
Vor Antritt des Urlaubs wird der Motor zur Service-Werkstatt gebracht und dort gewartet. Dann hinterlegt man zwei Verrechnungsschecks über beispielsweise 500 DM und 1000 DM für eventuelle Ersatzteilsendungen. Jeder vernünftige Händler stellt zumindest die Kopien der Ersatzteile-Liste zur Verfügung, nach denen dann per Telefax bestellt wird.

Nur die Original-Ersatzteile garantieren eine hochwertige Reparatur. Der Kolben und die Schwungscheibe mögen passen. Aber ist der Kolben aus der gleichen Legierung gefertigt wie das Original?

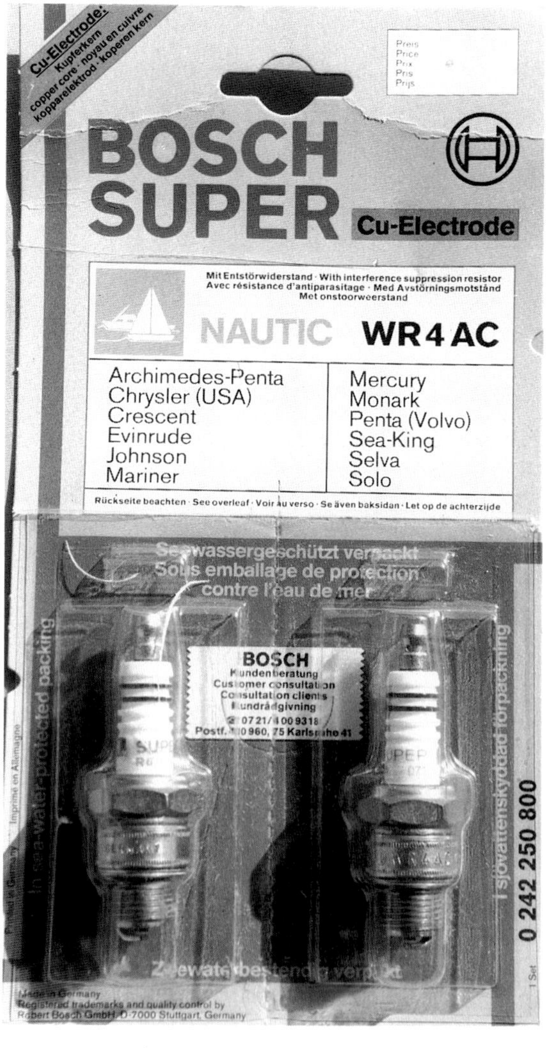

Die Motoren-Hinweise für diese Zündkerzen sind zu allgemein gehalten. Neuentwickelte Zündkerzen verfügen zwar über einen breiteren Wärmewertbereich, dennoch ist der exakte Zündkerzentyp wichtig für gesunde Motortemperatur und gute Starteigenschaften.

Versand-Adressen

Der Ersastzteilversand beim Aufenthalt in wirklich exotischen Ländern sollte aber an eine deutsche Firmenvertretung erfolgen. Mercedes-Benz, Bosch und die Lufthansa waren bei unseren Reisen immer hilfreich, weil dort ständig Ersatzteile etc. empfangen und verschickt werden. Auch ein guter Rat, vor Ort erhalten, ist Gold wert.
Absolut negativ waren unsere Erfahrungen mit Anschriften wie: »Yacht Larantuka« c/o Marigot Bay St.Lucia Caribbean Islands. Die Post auf St. Lucia verschwendet keine Zeit auf der Suche nach der Yacht und kassiert das Paket. Rücksendung ist die absolute Ausnahme. Nach Rücksprache mit einem freundlichen Hotel-Manager steigen die Chancen, wenn die Adresse dann lautet: Hurrikane Hole Hotel, Marigot Bay, St. Lucia, c/o Yacht »Larantuka«. Briefe oder Ersatzteile wurden dort aufbewahrt und anstandslos übergeben.

Abholen per Flugzeug

Bei weiten Auslandsreisen muss der Skipper flexibel reagieren. Charterboot-Agenturen setzen oft einen Mann ins Flugzeug und beschaffen sich von Italien oder auch Österreich die nötigen Ersatzteile, wenn in Griechenland der Motor streikt.
Die Ersatzteil-Versorgung ausländischer Motoren ist in Griechenland oder dem ehemaligen Jugoslawien eine äußerst umständliche Angelegenheit. Nach Algerien, Tunesien, der Türkei oder Marokko sollten keine größeren Ersatzteile verschickt werden. Der Zoll verlangt derart hohe Gebühren, daß ein Rückflug in die Heimat meistens billiger wird.

Rettungsanker

Die nachfolgende Liste erhebt keinen Anspruch auf Vollständigkeit. Die genannten Firmen haben uns mit technischen Informationen unterstützt. Richten Sie Ihre Fragen an den Technischen Kundendienst der entsprechenden Firmen und berufen Sie sich dabei auf dieses Buch. Man wird Ihnen sicher weiterhelfen, zufriedene Kunden sind die beste Werbung. In diesem Zusammenhang eine Bitte: Falls Ihnen eine Adressenänderung oder eine neue wichtige Adresse bekannt ist, würden wir uns im Interesse anderer Leser über eine Mitteilung freuen.

Evinrude/Johnson
Outboard Marine Deutschland GmbH
Neckarvorlandstraße 97
68159 Mannheim 1

Honda Deutschland GmbH
Sprendlinger Landstraße 166
63069 Offenbach/Main

Mercury/Mariner Motoren
Marine Power Deutschland GmbH
Dieselstraße 59
63165 Mühlheim/Main

Selva Motoren
c/o Viser Bootsbau
Hermannstadtstraße 3a
40591 Düsseldorf 13

Suzuki Motoren GmbH
Tiergartenstraße 8
64646 Heppenheim

Tohatsu Motoren
Volvo Deutschland GmbH
Redderkoppel 5
24159 Kiel 17

Tomos Motoren
Eilerstraße 63b
51107 Köln 91

Yamaha Motoren
Mitsui Maschinen GmbH
Grünstraße 44
40667 Meerbusch

Yanmar Motoren
Marx Marine GmbH
Wendenstraße 8–12
20097 Hamburg 1

Michigan-Propeller
Gröver Propeller KG
Aachener Straße 241
50931 Köln 41

Solar und Windgeneratoren
Sunset Energeitechnik GmbH
Industriestraße 20–22
91325 Adelsdorf

Der Verlag und die Autoren bedanken sich für die Unterstützung bei den Arbeiten zu diesem Buch, insbesondere bei den Firmen Honda, Mariner, Mercury, Outboard Marine Deutschland, Volvo sowie beim Fellbacher Bootsmarkt, 70734 Fellbach/Stuttgart und der Schiller-Garage, 71640 Ludwigsburg.

Was steht wo?

Stolzer Kapitän auf eigenen Planken – ein Wunsch, den der Außenbordmotor erfüllen kann. Dennoch bleibt manches zu überlegen. Ist man übermotorisiert? Bleibt der Verbrauch in Grenzen? Alles für die praktischen und seemännischen Anforderungen getan? Diebstahlschutz für Motor und Tank?

Die Autoren

Hans G. Isenberg
hat als Sachbuch-Autor dank langjähriger Hochsee-Praxis mit Segelyachten auch vielfältige Erfahrung mit Außenbordmotoren, als Schiebehilfe, Nothelfer oder Beiboot-Antrieb gewonnen und vertraut bei Motorstörungen vor allem der Eigenhilfe, zumal fern jeder Marina.

Dieter Korp
Fachjournalist, Dipl.-Ing., mit einem Motorsegler auch auf dem Wasser unterwegs, sieht guten Grund, Nutzen und Sinn der mit ihm begonnenen Auto-Ratgeber-Reihe »Jetzt helfe ich mir selbst« auch auf Außenbordmotoren zu erweitern, nicht zuletzt für das nötige Sicherheitswissen.